哈佛的另一种学问

张一弛 ◎ 编著

中国商业出版社

图书在版编目（CIP）数据

哈佛的另一种学问 / 张一弛编著. —北京：中国商业出版社，2015.1
ISBN 978-7-5044-8824-4

Ⅰ.①哈… Ⅱ.①张… Ⅲ.①大学生－心理素质－素质教育 Ⅳ.① B844.2

中国版本图书馆 CIP 数据核字（2015）第 011354 号

责任编辑：朱丽丽

中国商业出版社出版发行
010-63180647　www.c-cbook.com
(100053　北京广安门内报国寺 1 号)
新华书店总店北京发行所经销
北京市京东印刷厂印刷
*
710×1000 毫米　16 开　13 印张　200 千字
2015 年 6 月第 1 版　2015 年 6 月第 1 次印刷
定价：32.00 元
* * * *
（如有印装质量问题可更换）

前 言
preface

很多人进入大学的目的是让自己掌握先进的职业技能，消化顶尖的学术成果，而很多大学里的课程安排，也大都是为了教授这样的"学问"。随着社会的发展，人们很快发现，不论是哪所大学，仅仅是教授这样纯粹的知识，不可能完美地塑造社会精英——学生在汲取数理化、历史、经济和文学等知识的同时，还需要对其内心、行为、生活方式等更多地关照，教会他们如何看这个世界，如何生活。这样，大学才能培养出真正的社会精英。所以，对一个人人生的指导所带来的成功作用往往大于对其知识的传授，这也成为了大学里的另一种学问。这种学问在大学里没有专门的课程设计，更没有专业设置，只是将这种学问贯穿于其他课程中，最多也就有些这种学问的相关讲座而已，比如哈佛大学开设的"幸福课讲座"。但是，这种学问却左右一个人的一生。学到纯粹的知识不一定能让你摆脱平庸，而掌握大学里的"另一种学问"一定让你活出不平凡。

"哈佛"坐落于美国马萨诸塞州剑桥市，是一所享誉世界的私立研究型大学，是著名的常春藤盟校成员。这里走出了八位美利坚合众国总统，上百位诺贝尔获得者曾在此工作、学习，其在文学、医学、法学、商学等多个领域拥有崇高的学术地位及广泛的影响力，被公认为是当今世界顶尖的高等教育机构之一。

本书将大学里的心态培养、性格塑造、如何获得幸福感、对社会的认识等统称为"另一种学问"，罗列哈佛大学对人内心的关照，看看他们所崇尚的活法，看看他们对人心和社会的剖析，从而指导大家走好自己的人生路。

目录
contents

第 01 辑　特别的哈佛教育：把优化性格放在第一位

哈佛认为，积极的性格成就人的一生 / 3
学一点哈佛大学的性格改造术 / 5
哈佛从八个方面弥补性格短板 / 8
看看哈佛大学如何发展学生的个性 / 10
哈佛说：你一定要了解自己的性格 / 14

第 02 辑　哈佛优等生的标准：拥有才华更要拥有自信

不是哈佛，是心态决定你的命运 / 21
哈佛发现：乐观是获得成功的动力 / 24
用自信的力量，你就能击败怯弱 / 27
悲观于事无补，请你乐观向前 / 32
要得到人们的信任，先相信自己 / 35
真正的哈佛人，应该有十足的自信 / 38

第 03 辑　去哈佛求取才华，哈佛却只给激发潜能

人生就是一个自我激励的过程 / 43
你的潜能无限，人人都会优秀 / 45
不是你不行，只是你没有激发出潜能 / 47

你要优秀，就要学学哈佛的潜能开发 / 50
优秀的人，是因为充分发挥自己的优势 / 53
只有拼一把，才会有优秀的哈佛人 / 55
向自己的弱点开炮，你才能让自己重生 / 58

第04辑　哈佛说：这里毕业得张纸，苦难毕业得成功

跳出来，不要让失败的体验将你定格 / 63
永不放弃，让你成为卓越的人 / 65
人生的大胜，常常是转败为胜 / 68
在失意中坚守自己，你就会获得成功 / 71
意志软弱的人，人生就会一团糟 / 75
讲究宿命，只是弱者的借口 / 77
不管有多难，有希望就有力量 / 80

第05辑　学不到哈佛的专业课，可以学到它的入职课

职场新人，一定要了解的职业心理 / 85
哈佛毕业，绝不是获得高薪的理由 / 87
讲"印象"的哈佛：请留下良好的第一印象 / 89
哈佛告诉你：一定要改的工作习惯有哪些 / 91
时间就是金钱，做一个"准时"的员工 / 94
工作久了，你懂得消除厌职情绪吗 / 97

第06辑　哈佛不信死板的学术，他们相信思考的力量

培养逆向思维，开拓新的思路 / 103
正确的思考是一切杰出的基础 / 105
发出积极的思维，获得全新的结果 / 108
不迷信经验，懂得打破思维定式 / 111

哈佛的优势，就是比别人多想一步 / 114
把脑袋打开一厘米，所以哈佛人很聪明 / 116
神奇的哈佛博士：成功可以从想象开始 / 118

第07辑 可以没有哈佛的学位，不能没有哈佛的品位

哈佛交际的基石：不可丢弃的品位 / 123
投资优雅风度，提升成功几率 / 126
良好的礼仪，给哈佛带来谦虚的风度 / 128
哈佛式的人格魅力：遵守道德规则 / 130
讲话是一门艺术，更是哈佛的另一种学问 / 132
通过口才表达，展现最好的自我 / 134

第08辑 哈佛从不去兜售它的学术，却向世界讲述它的幸福课

当你怀疑幸福，你就会丢失它 / 139
投资美好，你的人生才会美丽 / 141
爱自己，是健康成熟的标志 / 144
心中洒满阳光，就会不知烦恼为何物 / 146
哈佛的快乐哲学：快乐是"自找"的 / 149
人生在于怎么活，苦日子也能甜过 / 152

第09辑 育人治学有大聪明，与人相处用大智慧

哈佛相信：越接触越有好感 / 157
毫不吝惜地赞美，毫无保留地请教 / 159
哈佛的交往原则：道不同不相为谋 / 161
寻找切入点：有共同语言才会更好地沟通 / 164
少说话，这样更能获得对方的认可 / 166

换位思考,了解别人才能理解别人 / 169

容人之短,是哈佛人追求的情商 / 171

用微笑面对每个人,做最好的自己 / 174

第10辑 三流的大学教你成才,一流的哈佛教你成功

打造核心竞争力,你才不会平庸 / 179

正确地认识自己,客观地自我定位 / 181

不断地学习,让自己有优势 / 184

有从零开始的心态,你才能真正腾飞 / 187

知耻近乎勇,才能成为真正的强者 / 190

专注、认真才能做好每一件事 / 193

心态乐观是一个人走向成功的保证 / 197

第01辑
特别的哈佛教育：把优化性格放在第一位

　　哈佛大学第 26 任校长尼尔·鲁登斯坦是一位专攻文艺复兴时期文学的教授，于 1991 年 7 月 1 日就职。犹太裔的鲁登斯坦是哈佛大学 360 多年历史上第一位在任时访问过中国的校长。鲁登斯坦这样说："学生在修习文学、医学、法学、商学等课程的时候，有没有修习自己的内心呢？比如优化性格。我希望哈佛大学能更多地去关照学生的个性修养，因为性格决定命运。"

哈佛认为，积极的性格成就人的一生

为什么有的人身处恶劣的环境，却可以取得事业的成功、人生的幸福？而有的人，生活在优越的环境之中，却只能默默无闻、毫无建树地度过自己的一生？

哈佛大学在很早就给出了答案：性格不同。

哈佛大学的研究者发现，人们之所以彼此之间有如此大的差别，正是因为他们的性格各不相同。有的人积极进取，有的人消极退让；有的人坚韧不懈，有的人懦弱懒散……不同的性格往往造就不同的人生。

在20世纪初，哈佛大学的一名老师带领他的两个学生，准备穿越北极探险。他们来到了北极圈附近，准备驾雪橇进行探险。一开始，探险的进展情况非常顺利，他们没有遇到任何困难，眼看着离目标越来越近，他们每个人心中都十分兴奋。可是当他们将要到达北极点的时候，天气突然变得恶劣起来。风暴夹杂着雪花，向他们劈头盖脸地砸了过来。突如其来的暴风雪阻止了他们前进的脚步。他们只好停顿下来，在极点附近安营扎寨，等待暴风雪的结束。

可是一周之后，天气依然是恶劣不堪，暴风雪没有一点减弱的迹象。这时，其中一个学生害怕起来，他对老师和另一个同学说："即使明天天气好转，能够为我们成功穿越北极提供良好的天气条件，我们的粮食也难以为继了。走不到极点，我们就会饿死的，还是回去吧。"他失望、害怕的情绪很快传染给了他的同学，那个人也认为粮食已经不能维持到穿越北极，最好的选择就是撤退。两个人都表示，如果明天天气转好，他们就将返回。只有老师不为他们的消极情绪所感染，他信心满满地说："如果明天天气好转，我们完全可以继续前进。我们可以在沿途捕猎海豹。这样的话，加上我们所剩的粮食，我们完全可以到达北极点，实现自己的目标。"

第二天一早，天气果然放晴。由于三个人的意见无法统一，他们只得把粮食分为三份。学生带着他们的干粮原路返回了。老师则独自上路，继续自己的探险，靠着自己的那份粮食和沿途捕猎的海豹，终于完成了自己极地穿越的探险活动。

这位老师叫马金·哈维斯。试想，如果哈维斯没有积极进取的性格，他能完成如此辉煌的壮举吗？哈维斯教授认为，拥有积极性格的人，他们经常会以一种乐观、进取的姿态面对人生。即使是生活中遇到了巨大的挫折，他们也能够以坚忍不拔的毅力、顽强拼搏的精神来扭转对自己不利的局面。在这种积极性格的支配下，他们完全可以激发出蕴藏在自己内心深处的潜意识，将自己的能力发挥到极致。对这种拥有积极性格的人来说，他们更容易取得生活上、事业上的成功。而拥有消极性格的人，他们的人生则完全是另一种模样。他们以消极、避世的态度面对生活中的挑战，他们往往将自己的失败归结于环境、运气以及他人。他们不会去主动改变自己生活中的困境，而是寄希望于环境的变化，甚至于贵人的出现。这种人往往没有生气、死气沉沉，不会为了自己的目标而主动出击。即使机遇就在面前，他们也会视而不见，任凭机会从自己的指缝间溜走。拥有消极性格的人，即使他们身处优越的环境之中，他们也无法利用优质的资源来取得人生的成功。

性格对人的一生，就是具有如此大的影响。正因为如此，性格也一直是哈佛心理学家研究的一个重点。哈佛大学的档案馆记载了许多关于性格研究方面的案例，关于儿童性格发展的研究就是其中一例。

有一些哈佛的心理学家将自己关注的焦点放在了儿童性格发展的研究上。他们随机抽取了一批儿童，并持续地关注他们的成长经历。这项研究的时间跨度长达十几年之久，从孩子们小的时候一直追踪观察到成年。

在孩子们小的时候，这些心理学家就把孩子们的各种行为记录在案。比如，遇到问题的时候，这些孩子当中谁会积极地想办法解决，谁会在一旁无助地哭泣，等待别人的帮助；遇到失败的时候，谁会坚持去尝试不同的方法，谁会将其置之不理；授课老师不在的时候，谁会做到自觉自律，谁会敷衍应付……他们把孩子的一举一动都记录下来，以备日后的研究。

几年之后，他们再对那批儿童进行观察研究，并与前期的研究进行比较。这次研究持续了很长时间，最后的研究结果表明：那些在幼儿园期间就表现得积极、乐观、勇敢、自律的孩子，他们在长大以后，无论是在生活中，还是在事业上，大都有着令人满意的表现。而表现的消极、保守的孩子，他们的生活则大多不如人意。

心理学家用科学的实验观察，再次为我们证明了性格在人的一生中何其重要。所以，哈佛大学一直致力于让学生拥有一种积极的性格，让学生以乐观开朗、勇于开拓的精神去面对生活中的种种挑战。

学一点哈佛大学的性格改造术

性格是人的一种比较稳定、具有核心意义的个性心理特征，它表现在人对现实的态度以及相应的行为方式中。性格一方面反映了人对这个世界的认识，一方面也反映了人对自我的道德要求。

性格虽然具有相对的稳定性，但并不是说不可以改造。在哈佛大学的琼斯教授看来，人的性格是在本我、自我、超我的相互斗争和相互妥协中发展起来的。这是哈佛大学最出名的心理研究成果之一。琼斯在她的《性格的本质》的序言中说："本我是人类行为最基本的驱动力，是人类无意识的一种集中体现。在本我的驱使下，人们要求自己的欲望能够立刻得到满足。在婴儿期，本我就已经开始发挥其影响了。随着生理方面的不断成熟，个人将开始社会化的过程。此时，超我便开始出现，并发挥其巨大的威力。超我其实是社会规范、文化规范和道德要求在个人性格中的内化，它要求个人必须抑制本我的自私需求，以保证社会的有序运转。本我和超我的斗争是极其尖锐的，可以说水火不相容。这时，自我便出现了，起到一种调和折中的作用，以便使个人能够以一种平稳的心态度过自己的一生。"

后来，随着哈佛大学对这方面的深入研究发现，自我就是一种平衡器，抑制本我无限膨胀的私欲，也反抗超我毫无节制的打压。通过这三者的不断斗争，就形成了自己基本的性格特征。通过对心理的了解，哈佛大学发现性格是可以改造的。在他们看来，超我和自我都是一个人意识层面的活动，具有主观能动性。因此，通过适当地改变自我和超我，完全可以改变本我、自我、超我之间的力量，从而使自己的性格发生改变。从一个著名的案例中，我们就可以看出哈佛是如何改造人的性格的。

约翰是哈佛商学院的学生，初到哈佛，他成绩非常好，为人也和善。在大学一年级的时候，他就在美国某家权威学术杂志上发表了论文，是哈佛的优等生。

可是到二年级的时候，他的老师麦克教授发现约翰在学业上不再有太大的进步了。麦克通过观察发现，约翰自以为是，喜欢和人无谓地争论，人际关系显得很糟糕。麦克教授意识到，约翰的性格在变，这将影响他今后的学业乃至他的一生，自己必须制定相应的计划来改变约翰目前这种情况。

于是，麦克教授和约翰沟通后，给他制定了10条道德准则：
（1）抑制自己的不良情绪，不可心怀仇恨和愤怒；
（2）少说话，少张扬自己，不要表达自己不成熟的见解；
（3）井井有条，所的事情，要按照计划去执行；
（4）诚实守信，说过的事一定要做到；
（5）勤奋努力，合理地利用时间去做有益的事情；
（6）待人公正，不去伤害他人的利益；
（7）干净清洁，保持身体、衣服以及房间的清洁卫生；
（8）心胸宽广，随遇而安不要为那些不满意的事烦恼；

（9）慎言慎行，要使自己的言行符合道德准则；

（10）谦逊文明，要遵循哈佛大学校训来立身处世。

制定完毕后，麦克教授让约翰记在了一个小本子上。然后一周七天要求约翰记录自己违反了其中哪些准则。慢慢地，约翰发现，他在上面能够记录的缺点越来越少了。

运用这种方法，麦克教授让约翰的人格趋于完美。后来，约翰成为哈佛最优秀的毕业生。可以说，约翰的优秀不是在哈佛学来了多少学识，而是麦克教授对其性格的成功优化。

琼斯教授为了说明改造性格的可行性，把这样的案例作为性格改造的最佳例子而广泛引用。她在戴尔·卡耐基的《人性的弱点》一书中还发现了这样一个案例：美国商业银行和信托投资公司的董事长 H.P·霍华德是怎样运用这种方法来完善自己的。

霍华德在解释他成功的原因时，对卡耐基说："多年来，我一直在一个记事本上记下当天所有的约会。然后，在礼拜天的晚上，我会把自己一个人关在房间里进行自我反省，重新回顾和检讨这一个星期的工作。我会问自己'我在这一周的工作中犯了什么样的错误？''我做对了哪些事情，还有没有更好的方法？我能从中学到什么？'刚开始使用这种方法时，我会为自己所犯的错误而感到吃惊，但是，随着时间的增长，我发现自己犯的错误越来越少。这就是我成功的原因。"

哈佛大学让我们看到，教育最重要的可能不是掌握多少学识，而是不断地改造自己的性格，这样才能做最完美的自己。性格是可以改造的。如果你想让自己变得更好，如果你想取得成功，试一试哈佛大学的方法吧，你会看到神奇的效果。

哈佛从八个方面弥补性格短板

我们知道，性格是一个多维度的心理问题，它不能简简单单的以好和坏来加以概括。如同"木桶效应"所说，木桶的容水量取决于最短的那个木板，你的性格的优劣，也取决于你最短缺的那块"木板"。所以，你必须立足于自身，从自身的情况出发，来选择适合自己的那一块"木板"或者几块"木板"。只有补好性格短板，你才可能取得成功。

哈佛大学马斯里特教授是法律界的泰斗。在他的学生中，不乏国际知名的大牌律师。一次，凤凰卫视采访马斯里特教授："你桃李满天下，在培养学生时，有什么秘诀呢？"马斯里特教授回答说："很多人认为，哈佛是学识的天堂，学识是给学生最好的给养，我认为不全是。我和我的学生一起探讨那些棘手的法律难题的同时，我还关注他们的性格。你知道，律师是左右世间公正与否的人，一个性格有缺陷的人比专业缺乏更可怕。"

马斯里特教授发现，学生性格的不完善，可以从八个方面进行弥补：

1. 目标

马斯里特教授说："做任何事情都需要目标，如果没有具体的目标，那么行为就会失去方向感。一个没有目标的人，他的行为必然是混乱的。他一生忙忙碌碌，但是却无法领悟到忙碌的意义。"由于目标的缺乏，这样的人往往无法将自身蕴藏的能量集中地爆发出来。所以，对于任何事情，这种人总是会感到力不从心，因而会放弃。

目标是一个人成功的保证。为了成功，你必须找到那些能够指引你正确方向的目标。

2. 行动力

目标只是开始成功的第一步，如果只是空有目标，却不想有所行动，那么，终究还是会一事无成。所以，当确定了自己的方向，就要马上向着这个方向出发。

马斯里特教授认为，行动力代表了一种将生活的设想转化为现实的能力。它由目标制定能力、规划能力、实施能力等组成。提高行动力的关键在于把这种行动力转化为自身的习惯，一种自发的行为。

行动力是我们目标得以实现的保障。没有它，任何理想都将是纸上谈兵。

3. 专注力

马斯里特教授发现，初到哈佛大学的大多数学生总是刚开始信心满满，到最后则萎靡不振，放弃了自己的目标。所以他认为，专注力旨在通过提高学生的意志品质，进而提高全神贯注、坚持不懈的能力。拥有了这种能力，学生日后即使遇到巨大的困难，也不会轻易丢掉自己的信心。

生活中我们也会发现，提高专注力的关键在于摒弃内心的优柔寡断，以一种果断、刚毅的姿态去迎接生活中的挑战。专注力是成功的矫正器，没有它，人很容易偏离自己追逐目标的正确轨道。

4. 逻辑能力

马斯里特教授总结出，每一个结果都对应着相关的原因。如果想促成一个结果的出现，就必须要掌握导致这个结果的原因。这就需要具备一定的逻辑能力。如果学生具备了真正的逻辑能力，那么，他将会拥有缜密的分析能力、超强的预判能力和掌控力。生活的幸福和事业的成功对学生来说将变得更加容易，因为，只要按照它们的逻辑过程展开自己的行动即可。

5. 群体适应性

群体适应性，就是一个人积极地适应环境，与他人产生良好的互动，以及相互交换资源的能力。要提高群体适应性，必须消除内心的自闭感和忧惧感，积极地融入社会之中，在与他人的交往中达到自己的预期目标。

6. 情绪的稳定性

如何控制情绪，是一个人情商的表现。自我情绪控制很差的人，在遇到困难时，往往会心境大变，心情低落，士气全无，甚至选择彻底放弃。这样做不仅无益于问题的解决，而且还会进一步恶化自己的情绪，从而形成情绪的恶性循环。

马斯里特教授认为，控制情绪的关键在于保持冷静，保持对问题的观察能力、分析能力，这样才能克服困难，取得成功。

7. 自信心

自信心是在困境中也可以相信自己、鼓励自己，进而勇往直前的能力。

哈佛大学竞争非常激烈，有些人有一定的自卑感，对自己没有十足的信心。这些学生在做事情之前总是畏首畏尾、患得患失；在做事情的过程中，如果遇到困难，也很容易选择放弃，成为生活中的懦夫。缺乏自信心，成了哈佛大学一些人无法成功的主要障碍。所以，马斯里特教授让自己的学生树立起自信心，学做生活的强者。

8. 责任感

责任感是一个人成熟的标志。同样，责任感也是一个具有良好性格的人必须具备的。

不论在事业上、家庭中，还是在日常的人际交往中，我们必须承担自己应负的责任。只有这样，我们才能取得他人的信任，才能实现自我的价值。

马斯里特教授认为，性格正是通过这八个方面建构起来的，是性格的骨架，对良好性格的形成起着至关重要的作用。

看看哈佛大学如何发展学生的个性

马斯里特教授坦言，个性的培养与塑造要求一个人能够经受住长时间的历练。这是一个漫长艰苦，甚至可能出现反复的过程，我们必须找到适合自己的方式，以保证目标的最终达成。

想要塑造个性，我们必须了解在自己的个性中哪些是需要改造的。哈佛大学通过长期的研究发现，个性上的缺陷是具有普遍性的，主要表现在以下几个方面：

1. 永远觉得自己不好

这是一种自我否定和自我限制的心理反应，有时候可能是无意识的。但正是这种无意识的闪现，会使一个人临事而惧，犹豫不决，最终选择放弃或者导致失败。

2. 持二元论的价值观

持这种价值观的人，在他们眼中，世界是黑白分明的。他们认为，不论是什么事情，总要有一个评判的标准，总要分出孰优孰劣。他们恪守原则，毫不妥协。这虽然值得鼓励，但是缺乏变通，不知道运用发展的眼光看待问题，往往会给人留下生硬、刻板的印象。

3. 不得罪任何人

这是一种圆滑的待人处事的态度，希望自己可以左右逢源，赢得所有人的好感。这样的人在现实生活中被称为"老好人"，也就是没有原则的人。虽然他们希望可以讨好所有的人，但是因为他们毫无立场，终于会遭到所有人的嫌弃和鄙视。

4. 过于强势

个性太强的人往往过于强势，他们不愿听到不同的意见，总是希望可以支配其他人，使他人按照自己的意愿行事。强烈的个性，往往隐藏着巨大的伤害力量，以致使很多人对其退避三舍。过于强势的人往往很难交到朋友。

5. 过于软弱

软弱的人无法坚持自己的意见，总是被他人牵着鼻子走。由于总是服从于他人，他们身上可以说毫无自己的个性。

6. 过于叛逆

叛逆是人们在青春期阶段表现出的一种普遍的心理现象，当度过青春期后，人们的心理会渐趋成熟，叛逆也就逐步减弱。但是，有些人却始终无法跨过叛逆这道门槛,他们沉溺于这种疯狂的反抗之中,错以为这就是个性的独特展现。持有这种错误的认识,只能成为人们眼中的异类,而绝不会是个性突出的人。

7. 追求完美

追求完美的人吹毛求疵,认识不到事物发展的过程性,因此,他们总是陷自己于痛苦之中。

8. 眼高手低

这种人对自己有着过高的预期,因此,当他们面对工作时,总是显出一副不屑一顾的神情。然而,在实际的操作中,他们又经常因为力不从心而开始怀疑自己。这种人经常处于自负与自卑的循环往复中,以致于无法发现真实的自我。

这是哈佛大学总结出的八大性格缺陷。想要发展个性,就要首先克服自身的缺陷。

马斯里特教授的专业是法律,但在性格研究中也颇有建树。他提出,克服自身的缺陷仅仅是塑造个性过程中的一个方面,因为缺陷的克服并不能为我们带来自身所不具备的个性。如果想要发展出自身欠缺的良好个性,一个很好的方法就是向优秀的人物学习。优秀的人物之所以能够获得成功,他们身上必定蕴含着超出常人的特质,而这些独特的气质也正是他们获得成功的重要因素。所以,当我们想要塑造自己的个性时,一个捷径就是向这些优秀的人物学习,学习他们身上的长处,学习他们卓尔不群的个性。

向优秀人物学习,是一个自觉的过程。在这个过程中,我们应积极发动自己潜意识的力量,通过积极地自我暗示,来帮助自己塑造优良的个性。马斯里特教授曾这样告诫学生:"对于爱默生,我们可以请求他将了解并适应自然规律的气质烙印在我们的潜意识中;对于拿破仑,我们可以请求他将果敢的精神,持久的信心烙印在我们的潜意识中……"

其实,马斯里特教授是利用偶像的自我暗示作用。但是,他同时也告诫人们,"在这个过程中,不能盲目地加以崇拜。因为盲目的崇拜,会让我们失去自己的判断。生物学家法布尔曾做过一个有趣的实验:诱使领头的毛毛虫围绕一个大的花盆转圈，这样就会促成整个毛毛虫的队伍围成一个圆圈。它们前后相接，周而复始地围着这个圆圈旋转，直到饿晕，从花盆边沿掉下来。正是因为盲目跟随，毛毛虫陷入了一个怪圈，无法做出自己的判断，最终不得不忍饥挨饿。所以，我们对于偶像崇拜应该有着清醒的认识。"

"在发展个性的过程中，我们还需要抵制自己的厌恶情绪。因为厌恶的情绪往往会蒙蔽我们的双眼，使我们做出错误的判断。"马斯里特教授说。他举了这样一个例子：传播学巨匠麦克卢汉就曾坦言自己深受厌恶情绪的困扰："一直到我写《机械新娘》时，我一直抱着极端的态度对新环境进行道德判断。我厌恶机器，讨厌城市，把工业革命看做原罪，把大众传媒看做是人类的堕落。总之，我几乎拒绝现代生活中的一切。"但是，他渐渐地将这种厌恶的情绪化成了学术研究的动力。因为，他受到20世纪一些伟大文学家——济慈、庞德、乔伊斯、艾略特等人的启发。他意识到，对于这些伟大的文学家来说，艺术创作只是普通经验的回放，即从垃圾到卓越的过程。有了这一深层的认识后，麦克卢汉说："我不再是一个卫道士，而变成了一个小学生。"马斯里特教授评价说："厌恶的情绪遮蔽了麦克卢汉发现的双眼，当他意识到这种危险后，他便开始虚心地学习了。"

简而言之，塑造个性的道路是复杂多变的，我们不仅要克服自身的缺陷，还要发展新的优秀品格。我们不妨遵照哈佛的做法，保持清醒的头脑，向一切具备优秀品质的人学习，不管这些人是自己喜欢的还是厌恶的。

哈佛说：你一定要了解自己的性格

"你一定要了解自己的性格。"这是哈佛大学校训中的一句话。哈佛大学对人的性格关照可见一斑。对这句话的来源，哈佛大学教授迈克尔·桑德尔的解释是："苏格拉底有句名言'认识你自己'。但我们认为认识自己最重要的部分是'了解自己的性格'，因为人的学识、财富、地位等都是建立在性格之上的。"

的确，人的性格世界像一个丰富多彩的百花园，走进这个百花园你就能看清性格中的每个个体，看清个体之间的优点与缺点、有序与无序，看清个体与整体的联系。只有如此，你才能真正把握好性格的脉搏，追求到性格的美好与和谐。

当你了解性格的规律性后，你就会乐观地接受他人的个性，对他人豁达、宽容起来。不经过你本人同意，任何人都无权让你感觉自己差人一等。你有享受快乐的权利，也有做一个卓越的人的权利。

迈克尔·桑德尔说："性格并无好坏之分。不同的性格、策略与原则，在迈向成功的道路上也会有不同的选择。属于某一种类型个性的审美领域本来就不是很开放的，每个人的性格里都自有一种优势存在，不要只盯住自己的个性弱点去苛求所谓的完美。"

实际上，只要不带着偏见深入地审视自己，总会找到自己个性中的优势。不同性格的人都可以成功，性格本身没有好坏之分，关键是如何去运用它，如何运用好的方法让大家都能够得到成长与成功，这就是性格分析可以带给我们的收获。

了解自己的性格不仅对个人重要，而且对社会也是很重要的。一个人要在社会中，甚至在家庭中做一个有作为的参与者，就必须能与他人建立积极的关系。常常对人怀有敌意、嫉妒、猜忌、分裂之心的人，仅顾自己、阴阳怪气、古怪孤僻的人，不但没有机会很好地参与社会生活，不能充分地发挥自己的潜能和价值，还会给人与人之间的关系带来伤害。因此，我们要积极地培养自己的健康性格，使自己能够很好地适应社会生活，保持内心的和谐。

了解自己，从人类丰富的知识宝库中汲取养料，以培养自己的智慧，提高自己的聪明才智。树立健康的性格，要学会从知识海洋中正确认识自身，处理好自己与行为的关系；学会战胜寂寞、绝望与烦忧，处理好自己与环境的关系；学会在工作中获取成就，处理好自己闲暇娱乐活动与工作的关系，从而形成自己良好的知识素养、文化素养、道德素养和思想素养；学会正确处理自己与他人的关系。

一个人一生的奋斗过程其实就是战胜自我的一个过程。要想战胜自我，首先要尽量了解自身的性格。假如对自身的性格优点、缺点都不了解，就很难在工作中扬长避短、挑战自我。

"你一定要了解自己的性格。"人们越来越意识到哈佛的这种观点对人生的重要性。每个人对自己要有一个基本的认识，才能比较客观地看待自己的能力、性格。当发展顺利、平步青云、一路鲜花掌声的时候，不要忘了时刻提醒自己要保持清醒，不能滋生骄傲情绪。要像刚起步时那样看待自己的朋友，看待生活，要一如既往地勤奋、忠实。很多人在取得一点成绩以后认不清自己，把自己和原来的"我"分开，同时也把自己和朋友、亲人分开，使自己游离于社会之外。其实，在很多人眼里，他这时已经是个另类人物。一个人一旦失去了一颗平常心，他也就离失败不远了。一些成功的企业家之所以会没落，就是因为没能很好地找准自己的坐标，没能把现在的自己和原来的自己联系起来。而且当一个人成功时，周围人的吹捧也是最容易令其乱方寸的，所以明白人永远是以自己心中的自我为基准，绝不在乎别人的吹捧。

哈佛大学的心理学家把性格看成是一个十分复杂的构成物，认为性格包含着各种侧面，具有各种不同的特征。他们将性格分为性格的态度特征、性格的理智特征、性格的意志特征、性格的情绪特征四个方面。

1. 性格的态度特征

人对现实的态度是性格特征的重要组成部分。它直接体现了一个人所特有的、稳定的倾向，也是一个人本质属性和世界观的反映。人对客观现实的态度是多种多样的，主要表现为心理与各种社会关系方面的特征，即个人与社会的关系、个人与集体的关系、个人与他人的关系以及对待自己的态度等方面的性格特征。

（1）对社会、对集体、对他人态度的性格特征主要体现为：公而忘私或假公济私，忠心耿耿或三心二意，热爱集体或自私自利，正直或虚伪，有同情心或冷酷无情等。

（2）对工作和学习态度的性格特征主要体现为：认真或马虎，细致或粗心，勤劳或懒惰，节俭或浪费，勇于创新或墨守陈规等。

（3）对自己态度的性格特征主要体现为：谦虚或骄傲，自尊或自卑，严于律己或放任自由等。

2. 性格的理智特征

人在认知过程中的性格特点体现了性格的理智特征。人认知的水平差异表现为能力的不同，人认知的活动特点与风格称为性格的理智特征。

（1）感知方面的性格特征。人在感知方面的个别差异可以区分为：主动观察型、被动感知型、逻辑型和概括型、记录型和解释型、快速型和精确型等。

（2）记忆方面的性格特征。人在记忆方面的个别差异可以区分为：主动记忆型、被动记忆型、直观形象记忆型、逻辑思维记忆型等。

（3）思维方面的性格特征。人在思维方面的个别差异可以区分为：独立型、依赖型，分析型和综合型等。

（4）想象方面的性格特征。人在想象方面的个别差异可以区分为：主动想象型和被动想象型，敢于想象型和想象受阻型，幻想型和现实型，反映独立型和反映依赖型，狭窄想象型和广阔想象型等。

3. 性格的意志特征

一个人的行为方式往往能反映出性格的意志特征，它是人对自己行为的自觉调节能力，包括发动和制约两方面，对于人的独立性、主动性、自制力、坚韧性等方面具有促进强化或抑制削弱的作用。它在人的性格中具有十分重要的位置。

（1）对行为自觉控制水平的性格特征：主动型或被动型，自制型或冲动型等。

（2）对行为目的明确程度的性格特征：目的型或盲目型，独立型或依赖型，纪律型或散漫型等。

（3）在长期工作中的表现特征：有恒心型或见异思迁型，坚韧型或虎头蛇尾型等。

（4）在紧急或困难情况下的表现特征：勇敢型或怯弱型，沉着型或惊惶失措型，果断型或优柔寡断型等。

4. 性格的情绪特征

一个人经常表现出的情绪活动的强度、稳定性、持久性和主导心境方面的特征就是性格的情感特征，它直接控制、影响人的自我状态。性格的情绪特征又被称为性情。

（1）情绪稳定性的性格特征。主要表现为个人情绪起伏波动的程度，例如：有的人情绪平静，容易控制；有的人情绪易冲动，难以控制等。

（2）情绪强度的性格特征。主要表现为个人受情绪影响程度和情绪受意志控制的程度，如：有的人情绪体验比较微弱，容易受意志的控制；有的人情绪体验强烈，难以受意志的控制等。

（3）情绪持久性的性格特征。主要指个体情绪保持时间的持久性或短暂性，如：有的人情绪活动时间长，影响大；有的人情绪活动时间短，影响小等。

（4）情绪主导心境的性格特征。不同的主导心境在一个人身上表现的程度不同,如:有的人受主导心境支配的时间长,有的人受主导心境支配的时间短;有的人愉快,有的人忧伤等。

总的来说,性格比人性、人格的概念更为广泛,它既有天生的、遗传的因素,也有后天的、社会的因素。我们只有准确地把握性格决定行为的规律,对性格与成败的关系有深刻的了解,充分把握性格与生俱来的特征和后天环境造成的变化,才能准确地把握自己的性格。

第02辑
哈佛优等生的标准：拥有才华更要拥有自信

1983年，28岁的萨默斯成为了哈佛历史上最年轻的教授。1991年，他离开了哈佛，出任世界银行的首席经济师，后来在克林顿执政期间担任财政部内很多不同的职位。1999年至2001年，他升任为美国财政部长。2001年，他离开了财政部回到哈佛大学担任校长。他在校长的就任演说中说："20年前，我离开哈佛，我之所以能走得更远，不仅得益于在哈佛学到的专业，更得益于哈佛让我懂得如何保持自信。今天我回来了，一定要把当初哈佛交给我的所有东西发扬光大。"

不是哈佛，是心态决定你的命运

"你们说，是'哈佛给了你们一切'，当然，作为校长，我很高兴听到如此的赞誉。但是，我要对各位说，哈佛给予你们的其实很少，客观地说，不是哈佛决定了你们今天的成就，而是你们的后天的努力。当然，最重要的是你们所拥有这良好的心态，这是你们能够在各自领域中做到最好的关键。我希望还在哈佛学习的人不要受'哈佛给了你们一切'所误导。"在1996年的哈佛精英同学会上，校长尼尔·鲁登斯坦如是说。

在校长尼尔·鲁登斯坦眼里，一个优秀的哈佛学生，成绩不是主要的，重要的是要有良好的心态。他曾这样说道："性格就是一个人独特而稳定的个性特征，他表现一个人对现实的心理认知和相应的习惯化的行为方式。态度是一个人对客观事物的心理反应。心态也是人的一切心理活动和状态的总和，是人对周围、社会生活的反映和体验，它对一个人的思想、情感、需要、欲望有着决定性的影响，它决定着一个学生对待工作、对待生活的态度。所以，我告诉在哈佛学习和工作的人：'不要将自己的未来寄望于哈佛，如何看待人生、如何把握人生是由我们的心态决定的。'"

其实，成功人士的首要标志就是他的心态，如果一个人的心态是积极地、乐观地面对人生，乐观地接受挑战和应付困难，那他就成功了一半。

我们必须面对这样一个事实：在这个世界上成功卓越者少，失败平庸者多，成功卓越者活得充实、自在、潇洒，失败平庸者过得空虚、艰难、猥琐。为什么会这样？

仔细观察，比较一下成功者与失败者的心态尤其是关键时候的心态，我们就会发现心态导致人生的惊人不同。

两个欧洲人到非洲去推销皮鞋，由于炎热非洲人向来都是打赤脚。第一个推销员看到非洲人都打赤脚，立刻失望起来："这些人都打赤脚，怎么会要我的鞋呢。"于是放弃努力，失败沮丧而回。另一个推销员看到非洲人都打赤脚，惊喜万分："这些人都没有穿皮鞋，这皮鞋市场大得很呢。"于是想方设法，引导非洲人购买皮鞋，最后发大财而回。

这就是一念之差导致的天壤之别。同样是非洲市场，同样面对打赤脚的非洲人，由于一念之差，一个人灰心失望，不战而败；而另一个人满怀信心，大获全胜。

生活中，失败平庸者多主要是心态观念有问题。遇到困难他们只是挑选容易的倒退之路。"我不行了，我还是退缩吧。"结果陷入失败的深渊。成功者遇到困难，仍然是积极的心态，用"我要！我能！""一定有办法"等积极的意念鼓励自己，于是便能想尽办法，不断前进，直至成功。

世界500强的企业在用人的时候，几乎都会考量这样一个问题：这个人的心态健康吗？因为一个人能否成功，关键在于他的心态。成功人士与失败人士的差别在于成功人士有积极的心态，他们始终用积极的思考、乐观的精神和辉煌的经验支配和控制自己的人生；失败人士则是受过去的种种失败与疑虑所引导和支配，他们空虚、悲观失望、消极颓废，最终走向了失败。

我们也能看到，运用积极的心态支配自己人生的人，拥有积极奋发、进取、乐观的心态，他们能乐观向上地正确处理人生遇到的各种困难、矛盾和问题。运用消极的心态支配自己人生的人，心态悲观、消极、颓废，不敢也不去积极解决人生所面对的各种问题、矛盾和困难。

有些人总喜欢说，自己现在的境况是别人造成的，环境决定了自己的人生位置，自己想法无法改变。但是，人的境况不是周围环境造成的。说到底，如何看待人生，由我们自己决定。纳粹德国某集中营的一位幸存者维克托·弗兰克尔说过："在任何特定的环境中，人们还有一种最后的自由，那就是选择自己态度的自由。"

哈佛大学教授马尔比·D·科克说:"最常见同时也是代价最高昂的一个错误,是认为成功有赖于某种天赋、某种魔力、某些我们不具备的东西。"成功的要素其实掌握在我们自己的手中。成功是运用积极心态的结果,一个人能飞多高,取决于他自己的心态。这种观点在哈佛被很多人所接受。

我们每天都面临不同的处境,注定我们要有一个从容乐观的心态去面对,适时地调节自己的心态。每个人都要明白,人生的路本来就是坎坷的,没有什么可以破坏自己的好心情。人生需要的是健康和谐的精神状态和生活方式。

心态是命运的控制塔,消极心态是失败、疾病与痛苦的源泉,而积极心态则是成功、健康、快乐的保证!心态决定成败,无论情况好坏都要抱着积极的心态,莫让沮丧取代热心,生命可以价值很高也可以一无是处,二者的区别在于自己的选择。

选择了积极心态的人,则会到达成功的彼岸,选择了消极心态的人,会导致失败。有些人只是暂时使用积极的心态,当遇到挫折时,就失去对自己的信心,将隐形护身符从积极心态的一面翻转到消极心态,以消极心态来麻痹自己、慰藉自己、封闭自己,期望凭着自己的消极心态,天上会掉下馅饼。

一个人在生活中老是寻找消极东西的话,消极心态就会成为一种难以克服的习惯,这时即使出现好机会,他也看不见抓不着,他会把每种情况都看成障碍、麻烦。障碍与机会有什么差别呢?由人们对它的态度而定。积极的人视挫折为成功的踏脚石,并将挫折转化为机会,消极的人视挫折为成功的绊脚石,任机会悄悄溜走。

哈佛发现：乐观是获得成功的动力

乐观者在做一件事的时候，哪怕是很难的一件事，哪怕是没有成功的希望，他们还是满怀斗志去做。在乐观者的眼里，人生没有什么不可能，他们总是充满前行的能量。那么，为什么乐观者会有干劲，会获得成功？乐观是人生成功的动力，拥有乐观的心态，会给一个人的事业发展增加强劲动力。乐观真的会产生这样强大的力量吗？

哈佛大学教授佛朗西斯科·凯斯利在实验室做了这样一个实验：用3个人来测试心理变化对生理产生的影响。在3种不同的情况下，他让这3个人用全力握住测力计。实践证明：在清醒状况下，3人的平均抓力只有100磅；当他们被催眠后，抓力就变成了29磅——这是正常体力的1/3；第三次测试时，凯斯利告诉他们在给他们催眠，并给予了他们能量，他们的平均抓力居然达到140磅。事实证明：当人们心中充满积极有力的思想时，抓力将多出将近一半。所以，积极的暗示会产生力量。

凯斯利教授由此得出结论：力量的大小不仅由体质决定，心理也会对其产生影响。他的这个结论被发表在哈佛大学校内刊物的首页。对成功人士的研究发现，他们的成功离不开积极乐观的心态，因为他们心态乐观，才使得他们有足够的力量应对困难，有力量博取成功。

到目前为止，在美国整个职业篮球联盟中，博格斯是最矮的一个。博格斯很矮，但他能在巨人如林的篮球场上竞技，并且跻身大名鼎鼎的NBA球星之列。

有人或许会说，作为NBA的球员，身高是第一位的，博格斯没有足够的身高——甚至和普通人相比，他都是个"二等残废"。那么，是什么促使他选择篮球的呢？又是什么让他成为一个篮球明星呢？

对博格斯的成功，哈佛大学的德里克·博克教授对其研究发现，这主要归功于乐观的心态。

博格斯从小就很喜爱篮球，可因长得矮小，伙伴们都瞧不起他。有一天，他伤心地问妈妈："妈妈，我还能长高吗？"

妈妈鼓励他说："博格斯，你不仅能长高，而且还会长得很高很高，会成为人人都知道的大球星。"从此，博格斯就一直认为，自己绝不会一直这样矮，一定会长高的。

"既然自己还能够长高，那就不用担心什么啦。"博格斯放心了。他明白，作为一个职业球员，一定要有精湛的球技。于是，博格斯开始苦练篮球技术。在博格斯看来，把球技练好，自己也长高了，也就能进入美国职业篮球联赛了。

可是后来博格斯发现，自己不能再长高了。但这时，身高对他来说已经不重要了，因为在大学联赛的赛场上，人们看到从下方来的球90%都被他抢走，他就凭借自己个矮的优势飞速地运球过人。因为表现突出，不久就被球探看重，被招进NBA。在博格斯进入当时名列NBA第三的夏洛特黄蜂队时，在一份关于他的技术分析表上写着：投篮命中率50%，罚球命中率90%。

篮球专家分析说："夏洛特黄蜂队的成功在于博格斯的矮。"博格斯技术好，他发挥了矮个子重心低的特长，从而成为一名断球能手。

博格斯成功了，他多次被评为最佳球员。当有记者问他："你这样矮，是什么让你选择一个高个子才会选择的职业？"

博格斯回答说："因为我不相信自己会一直这样矮。"

个子矮并没让博格斯沮丧，而是积极地认为自己能长高，所以，他成功了。假如博格斯早早地就断定自己不能再长高了，那么，他可能就不会选择篮球了，因此永远埋没自己的篮球天赋而成为一个庸人。

哈佛大学在崇尚学问的同时更崇尚乐观的情怀。因为他们发现，在心态积极的人眼里，世上没有什么让其遗憾的事，更没有所谓的绝境。

在哈佛大学，人们总结了《哈佛学生必须知道的100个故事》，其中有一个故事是这样的：

在一次海难中，两位幸存者甲、乙被海浪冲到了一个荒岛上。

荒岛上长满了野果。甲满怀信心地对乙说："太好了，我们至少不会饿着肚子来等待救援了。"于是开心地品尝着野果。

乙满脸忧虑，他对鲜美的野果没有任何食欲，而是悲观地说："冬天就要到了，没有野果了，我们迟早会被饿死的。"

很快，荒岛上野果越来越少了，乙绝望极了，开始给家人写遗言。而甲搭了一个小茅屋准备过冬，并开始储存食物。

每天，他们都希望经过的船只能看见并搭救他们，可是一天天过去了，很少有船只经过，偶尔有一两艘货船从远方驶过，但无论他们怎么呼喊，就是没有人发现他们。

一天，当他们找食物回来时，发现小茅屋起火了，浓烟滚滚，所有的食物都烧毁了。

刹那间，乙的精神彻底崩溃了，一下子晕倒了，再没有醒过来。

甲也显得很沮丧，但他相信，救援的船只可能在看到这滚滚浓烟后，会来救他。

第二天早上，轮船的声音唤醒了甲，这艘船是来营救他的。

"你们一定是看到了浓烟才知道我们被困在这儿了吧？"他问营救者。

"是的，我们看到了浓浓的烟，便一刻不停地往这边赶来了。"营救者们回答。

果然，那场几乎让他绝望的大火救了他。

就这样，返航的救援船上多了两个人：一个乐观者和一个悲观者，只不过一个是活人，一个是死人。

遭遇海难，但是会有避难的小岛；虽然是荒岛，但岛上会有他们充饥的野果；当一切都没有的时候，来了一艘救援的船。这个故事让哈佛人懂得，命运从来都是公平的，不会让一个人在绝境中死去，除非这个人自己绝望。因为上帝关上一扇窗，必为其打开一道门。失败的人只会为关上的那扇窗而悲伤，在悲伤中失败；成功的人会为打开的那道门而欢喜，并且在欢喜中成功。

其实，哈佛大学教会人们的不仅是世界顶尖的学识，还有凡人的成功之道。哈佛让很多人明白，很多时候，上帝在给你关上一扇窗的同时，会为你打开一道门。所以没有必要为人生的很多困境而伤心。因为无论遭遇什么样的憾事，只要保持积极的心态，就能够从中发现新的契机，从而走出困境。

用自信的力量，你就能击败怯弱

托亚斯特是哈佛社会学院的学生，他来自巴西。他生活在巴西一个小镇上，那里毒品泛滥，帮派厮杀时有发生，他是靠着天赋考入哈佛的。初到哈佛大学的托亚斯特胆小、懦弱，充斥着对自己的能力、品质评价偏低的消极意识。

托亚斯特的导师拉摩尔·亚历山大教授告诉他："许多杰出的人也有怯弱的时候，但他们更多的时候还是坚强和自信。杰出的人之所以杰出，是因为他们一旦发现了自己的怯弱，会很快用自己的坚强和自信克服它、战胜它。"

的确，自信是怯弱的最大克星，但自信并没有什么神秘可言，它应该是人人都具备的，它的发挥或抑制程度关键在你的思维意识。对任何一件事，我们首先萌发的想法是"我一定能做到"，在这种自信的指导下，意识中就会产生"该如何去做"的动力。所以可以确切地说，如果在思维中树立坚强的自信心，你在这个世界就几乎没有做不到的事情。亚历山大教授说：

"罗纳德·里根就是掌握了这个诀窍，出任了美国第四十届总统。

"从22岁到54岁，罗纳德·里根从电台体育播音员到好莱坞电影明星，整个青年到中年的岁月都身陷在文艺圈内，对于从政完全是陌生的，更没有什么经验可谈。这一现实，几乎成为里根涉足政坛的一大拦路虎。然而，当机会来临，共和党内的保守派和一些富豪们竭力怂恿他竞选加州州长时，里根毅然决定放弃大半辈子赖以为生的影视职业，决心开辟人生的新领域。

"当然，信心毕竟只是一种自我激励的精神力量，若离开了自己所拥有的条件，信心也就失去了依托，难以变希望为现实。大凡想有所作为的人，都须脚踏实地，从自己的脚下踏出一条远行的路来。正如里根要改变自己的生活道路，并非突发奇想，而是与他的知识、能力、经历、胆识分不开的。所有这些树立了里根角逐政界的信心。

"然而这一切在里根的对手、多年来一直连任加州州长的老政治家布朗的眼中，却只不过是'二流戏子'的滑稽表演。他认为无论里根的外部形象怎样光辉，其政治形象毕竟还只是一个稚嫩的婴儿。于是他抓住这一点，以毫无政治工作经验为实进行攻击。殊不知里根却顺水推舟，干脆扮演一个纯朴无华、诚实热心的'平民政治家'。里根固然没有从政的经历，但有从政经历的布朗恰恰才有更多的失误，给人留下把柄，让里根得以胜出。"

亚历山大教授发现，托亚斯特的怯弱心理的形成与环境因素、生理状况、价值取向有关。特定生活环境对人的思维意识会产生一定的影响。亚历山大教授将一组曾离开过父母的哈佛大学生与另一组长期与父母生活在一起的大学生做了一番研究，发现后一组的心理怯弱程度要远远超过前一组。由此可见，怯弱是从童年就养成的，孩提时，总觉得父母比自己高大，要依赖长辈，令他们在不知不觉中产生了"我弱小"的感觉，思维相对也就缺少了自信。

亚历山大教授的理论我们可以不去质疑，但人的生理、心理、知识、能力等都是不尽相同的，有好多是靠后天培养、自我发挥的。虽然每一位优秀者都有他的不是，即所谓的"金无赤足、人无完人"。对一个有杰出思维、具备快速克服怯弱而树立自信的人来讲，他们对待同一件事物的反应是截然不同于众人的。

有一天，亚历山大教授让幼儿园的老师带着三个从未见过老虎的小学生来到动物园，当他们站在笼子前，看到张牙舞爪的老虎，一个学生吓得浑身发抖，躲在老师身后叫道："我怕，我要回家！"第二个学生站在原地，虽然已吓得脸色发白，但还是目不转睛地盯着老虎，口中颤抖地重复着："我不怕，我一点也不怕。"第三个学生虽然也表现得很恐惧，他问："老师，它会冲出来吗？如果冲不出来，我可以去摸摸它吗？"

可见，三个学生都表现出了怯弱，但他们的表现程度却不相同。因此亚历山大教授常对他的学生说："要想走出怯弱，就需要敢于面对挑战，并迎接它、战胜它、超越它。"在现实生活中，信心一旦与思考结合，就能激发潜意识的力量来激励人们表现出无限的智慧，使每个人的欲望所求转化为物质、金钱、事业等方面的有形价值。

海伦刚出生时，是个正常的婴孩，能看、能听，也会咿呀学语。可是，一场疾病使她变得又瞎又聋——那时她才19个月大。

生理的剧变，令小海伦性情大变。稍不顺心，她便会胡敲乱打，野蛮地用双手抓食物塞入口里，父母试图去纠正她，她就会在地上打滚乱嚷乱叫，简直是个十恶不赦的"小暴君"。父母绝望之余，只好将她送至波士顿的一所盲人学校，特别聘请一位老师照顾她。

所幸的是，小海伦在黑暗的悲剧中遇到了一位伟大的光明天使——安妮·沙莉文女士。沙莉文也是位有着不幸经历的女性。她10岁时，和弟弟两人一起被送进麻省孤儿院，在孤儿院的悲惨生活中长大。由于房间紧缺，幼小的姐弟俩只好住进放置尸体的太平间。在卫生条件极差又贫困的环境中，幼小的弟弟6个月后就夭折了。她也在14岁时得了眼疾，几乎失明。后来，她被送到帕金斯盲人学校学习凸字和指语法。

就是如此，两人手携手，心连心，用爱心和信心作为"药方"，唤醒了海伦那沉睡的意识力量。一个既聋又哑且盲的少女，初次领悟到语言的喜悦时，那种令人感动的情景，实在难以用笔描述。海伦曾写道："在我初次领悟到语言存在的那天晚上，我躲在床上，兴奋不已，那是我第一次希望天亮——我想再没其他人，可以感觉到我当时的喜悦吧。"

仍然是失明、瞎眼的海伦，凭着触觉——用指尖代替眼和耳——学会了与外界沟通。她10多岁的时候，名字已传遍美国，成为残疾人士的模范。

这个克服了常人难以想象的残疾的"造命人"，其事迹在全世界引起了震惊和赞赏。她大学毕业那年，人们在圣路易博览会上设立了"海伦·凯勒日"。她始终对生命充满信心，充满热忱。她喜欢游泳、划船，以及在森林中骑马。她喜欢下棋和用扑克牌算命；在下雨的日子，就以编织来消磨时间。

海伦·凯勒凭着她那坚强的信念，终于战胜自己，体现了自身的价值。她虽然没有发大财，也没有成为政界伟人，但是，她所获得的成就比富人、政客还要大。

第二次世界大战后，她在欧洲、亚洲、非洲各地巡回演讲，唤起了社会大众对身体残疾者的注意，被《大英百科全书》称为有史以来残疾人中最有成就的代表人物。

一个不"信"任自己"心"灵力量的人，不懂得爱护自己，未能推己及人，徒然耳能听、目能见，也不会有什么成就；海伦·凯勒既盲且聋，但她"信"任自己的"心"灵力量,爱护自己,推己及人,于是,她的"心眼"亮了,"心耳"开了,她不但创造了物质财富,也创造了心灵财富。可见,信心对于立志杰出者具有重要意义。有人说:杰出人物的欲望是创造和拥有财富的源泉。人一旦拥有了这一欲望,并经由自我暗示和潜意识的激发后形成一种信心,这种信心便转化为一种"积极的感情"。它能够激发潜意识释放出无穷的热情、精力和智慧,进而帮助其获得巨大的财富与事业上的成就。所以,有人把"信心"比喻为"一个人心理建筑的工程师"。

在哈佛,人们会有一套克服怯懦的办法,亚历山大教授称其为"克服怯懦的十大法则",我们如果应用好了这些法则,是可以一生受益的。十大法则如下:

(1)径直迎着别人走上去,好像他欠了你的钱。

(2)训练自己盯住对方的鼻梁,让人感到你在正视他的眼睛。

(3)开口时声音宏亮,结束时也会强有力;相反,开始软弱,那么闭嘴时也就软弱。

(4)有时,为了在喧哗中让别人听见,有必要轻轻讲话。

(5)学会适时地保持沉默,以迫使对方讲话。

(6)会见一位陌生人之前,先列一个话题单子。

(7)熟记演讲的首尾,那么你从头至尾都会口若悬河。

(8)想方设法接触伟人。多与比自己年纪大、比自己强的人交往。这样,你会学到知识;同时还可以观察强者的弱点和缺点,从而增强信心。

(9)不断给自己出难题,不断实践克服怯懦的方法。

(10)注意,这些只是窍门与法则。首先还需加强学习精通本职工作,有能力才会有信心,才会使自己变成一个杰出的人,实现自我的社会价值。

悲观于事无补，请你乐观向前

有人或许会遭遇这样的境遇：学业的不顺、工作的失意、生活的坎坷等都会让自己悲观，悲观是一种痛苦，有时埋在心里，找不到倾诉对象，便更加痛苦。于是，悲观让人有意或无意地把自己塑造成了一个软弱的、无能的形象。在别人的眼中，你是平庸的、失败的，既便是赢得了同情，获得了帮助，当然也会听到这样的话："唉，可怜的人。"

但是，对所有的哈佛学生来说，这样的情况就很少发生，因为他们不甘心于总在别人的"可怜"中活着！"我真得很悲观，很失望，几乎是绝望"，如果这样的事情发生在你身上，你会怎么办呢？

有人曾经就这样的问题问时任校长的尼尔·鲁登斯坦教授，教授回答说：

"哦，你首先要想到两个问题，一是想一想别人对你会产生什么样的印象，因为你要知道，你的社会印象是别人给打分的。如果你总是以一副坚强、自信、乐观的面孔出现在别人面前，获得的分数就一定会很高，人们会说你是一个在各方面都很杰出的人，也会获得他们的尊敬。如果你失望、悲观的神情让每个人都发现了，他们在意识上就会为你扣分，他们对你的态度也会转变，由尊重、热情、相信变成冷淡、轻视甚至是嘲笑。

"二是要想一想你在别人面前已经出现过多少次悲观的神情，是否已变成了他们对你的固定印象。再有就是你和别人说过多少次悲观、失望的事情？它会不会在社会上传播？会不会连没见过你的人都在你的名字上贴上'失败者'的标签？这些会对你的未来造成很大的障碍。不要让人指着你的背影说：'瞧，就是他，一个失败者，一个平庸的人。'

"我要补充的是，在哈佛，我不愿看到这样的学生，当然，有了这样的疑问,我希望你们能努力改变自己。"

其实,这样的事是极易发生的事情,对任何一个人来说,这都是个严重的问题。但是,方法总比问题多。在哈佛大学《入学指南中》有这样一段话:

"人出生的时候,拳头捏得紧紧的。那时上帝告诉他,人生的目的是寻找一种东西,那种东西叫'快乐'。上帝给了他一只布满筛眼的篮子,上帝说你必须把它握紧,那是给你装快乐用的。上帝又告诉他,寻找快乐的途径有两条:一条路平坦些,到处都有快乐可拾,不过那都是些小快乐;另一条路上充满艰难险恶,不过倒有大快乐可得。

"人们各走各的路,寻找小快乐的总是容易得到,找到了急忙往篮子里放。然而,刚放进去,快乐就从筛子眼里漏掉了。这样一边放一边掉,一边掉一边放,欢喜伴着叹息。寻找大快乐的,一路上披荆斩棘很是辛苦,但大快乐一直在诱惑着他。找啊找,年复一年,终于找到一些了。但是当大快乐还未装满篮子的时候,那人发现自己已经老了,身上的力气差不多快耗完了,享受大快乐的时日已经不多了。于是,欢喜之后也有了叹息。

"后来,两条道上寻找快乐的人都到了天堂里,经过上帝的点拨,他们才明白,其实他们寻求的快乐有一个共同的名字,那就是'希望'。"

这段话诠释了一个哲理,悲观和乐观之间有一个中介词语——希望。它告诫那些来哈佛学习的人,如果在学习中不抱任何大的希望,甚至连自己也看不到任何希望,觉得学习只是为了混到一纸文凭,工作的最终目标不过是养家糊口,聊以度日。有此想法的人只要出现一个小小的不如意,立即就会陷入悲观,因为他为自己设计的退路太短了,甚至已经没有了退路,稍退一步,就会坠入失望的深渊。

世上任何问题都有一种最佳解决办法,面对悲观,哈佛大学给出了几种克服它的方法:

1. 意识认知法

全面地、辩证地分析一下你面临的状况和所处的环境。首先说认识。

人不可能十全十美，也不可能熟悉每一个领域的事情，而要达到终极目标都会经历一个复杂、坎坷的过程，在实现目标的过程中难免有这样或那样的偏颇与失误，所以就不能追求整个过程的全部完美，对自己的弱项或遇到的挫折要从意识上保持理智的态度，既不自欺欺人，也不将其视为无可救药、天塌地陷的事情，而应用积极的方式和乐观的思维面对现实，这样便会消除悲观感。

2. 心理补偿法

可以立即着手启动另一件事情，通过自己的努力，以某一方面的成绩来补偿生理上的缺陷和心理上的悲观感。从某种意义上来讲，有了悲观感觉就是已经认识到了自己某些方面的弱点，有时强烈自卑感还会促使人在其他方面有超常的表现。因为这时的心理和思维状态通常是：我在这方面不如你，但在那方面一定能超过你。这在心理学上称为"代偿作用"，即是通过以己之长克己之短的方式，把悲观转化成自强的推动力量。

3. 兴趣转移法

将兴趣转移到最能体现自身价值的活动中去，可通过自己热衷的文艺、体育、旅游等社会活动，淡薄、缩小弱项所引发的悲观阴影，缓解心理压力和紧张。

4. 知识作业法

悲观的产生、自信心的丧失，很大程度上取决于你某项知识的储备不足，但这不是说你发挥了你现有知识的全部的能量，你完全还有机会用你的知识，你的能力策划、计划、实施一个新的目标。

5. 充分施展自己的长项

做自己擅长的事情，可以在一个时期内避免失败和挫折，自信心也会逐步提高和巩固，你如果成功了，一定会有人说，噢，原来你也很杰出！这时，你还能悲观吗？

6. 精神领悟法

通过自由地联想或对早期经历的追忆，在现实状况下分析导致悲观的深层原因，在精神的鼓励中，幻想可以实现的美好未来，把现实与未来很好地结合起来，领悟到现实的情况虽然很糟糕，但都是暂时的，未来是美好的、辉煌的。

不论是哈佛高材生还是一般人，只有走出了悲观，才能很好地把握自己，通向杰出的路才会展现在自己脚下。

要得到人们的信任，先相信自己

如果一个人给别人一种非常胆怯、从来不相信自己、无法独立做出判断、总是依赖别人意见的感觉，那么他就不能得到人们的信任。而自我贬低的不良习惯又对一个人性格的培养极具腐蚀作用，会打击他的自信心，扼杀他的独立精神，使他找不到生活的精神支柱，让自己毫无力气为自己的命运拼搏。

艾茉莉是来自美国新泽西州的学生，也是她所在镇里惟一来哈佛读书的人。在她准备起程到哈佛上学前，当地的人都为她能到哈佛上学而感到自豪，她自己也庆幸能有这样好的机遇。

但是，艾茉莉的兴奋劲还没过，就突然对自己的感觉越来越糟糕了。她在哈佛过得很辛苦，上课听不懂，说话带口音。

更让她受不了的是，许多人都知道的事她却一无所知，而许多她知道的事别人却又觉得好笑。她开始后悔自己到哈佛来。

感到孤独无比的艾茉莉，觉得自己是全哈佛最自卑的人，无奈之下，她去看了心理医生。

心理医生对她是这样诊断的：她已跨入了个人成长的"新世纪"，可她对已经过去了的"旧世纪"仍恋恋不舍；她面临的是乡镇文化与都市文化的冲突；她没有想到，哈佛对她来说，不仅是知识探索的殿堂，也是文化融合的熔炉。

她对生活的种种挑战，不是想方设法加以适应，而是缩在一角，惊恐地望着它们，哀叹自己的无能与不幸；她对能来哈佛上学这一辉煌成就已感到麻木不仁。

她的眼睛只盯着当前的困难与挫折，没有信心去再造就一次人生的辉煌；她以高中生的学习方法去应付大学生的学习要求，自然是格格不入，她抱残守缺，不知如何改变。

她因为自己来自小地方，说话土里土气，做事傻里傻气，就认定周围的人在鄙视她，嫌弃她。可她没有意识到，正是因为自己的自卑，才使周围人无法接近她，帮助她。

总而言之，艾茉莉的问题核心就在于：她往日的心理平衡点彻底打破了，她需要在哈佛大学建立新的心理平衡点。

为此，心理医生实施的治疗方法是：要她找回自信心。

首先，心理医生要艾茉莉看到在哈佛上学的不适应是普遍现象，要她产生一种还有许多人和自己一样的平衡感。

其次，心理医生要艾茉莉多参加一些活动，多和别人接触，不要把自己关闭在自己的世界里。

就这样经过一系列的心理治疗，艾茉莉在心中重新播撒了自信的种子。她学会了交往，并交到了许多知心的朋友，对自己的学习提供了很大帮助。

自我责备、自我贬低也许就是我们所知最具破坏力的心态之一。有些人经常以这样的方式伤害自己，似乎表明着自己是一个渺小的人，一个毫无价值的人。与别人相比，自己简直一无是处。不管去哪里，总是坐到最后一排，或者想尽办法逃离人们的视线。

在人的天性中，的确存在着这种令人鄙视的弱点。人们喜欢那些勇敢的人，他们昂首行走在人群中，精神自由，思想独立，过着自己想过的生活。

1999年,南非22岁男子乔司文森拿到了美国麻省理工大学博士学位,却在参加面试时同导师菲克教授激烈地辩论起来,教授非常生气。他们的争吵声响彻了整个走廊。

"就凭你那个实验方案,我马上就可以指出不下十几个错误。"菲克教授大声说。

"这只能表明这个方案不成熟,要是能接受我成为你的学生,我自信可以把这个方案改得完美。"乔司文森不客气地说。

"我是这样想的。"乔司文森说,"我知道麻省已经不会录取我了。"

但是,没想到,秘书在宣布录取名单时读到了"南非的乔司文森"。

菲克教授站了起来,当着众人的面对他说:"你看,我的孩子,你骂了我一个小时,但我还是决定录取你。因为,我要你尽情地在我的支持下反对我的理论,如果事实证明你是错的,我将十分高兴。如果你是对的,我将更加高兴。"乔司文森深受感动,他终于可以如愿以偿,成为麻省理工大学的学生了。

爱默生说:"如果一个人不自欺,也将不被欺。"我们拥有坚定和自信的个性,就不会自欺欺人。总是能对自我和生活做出积极的、实事求是的评价,就可以不断塑造自己的品格。在生活中,不要无端地低估自己,鄙视自己。

完全认可自己、忠实自己,是一个人最宝贵的品质。如果一个人在内心没有对自己完全肯定,即使拥有金钱和地位,也没有办法得到真正的满足。

哈佛大学一直认为,人心中应该有一股神圣的力量,激励自己自由健康地发展。人应该胸怀壮志、力争完善自我,而不是只顾挣钱、满足于财富的积累。不管一个人多么贫穷,只要他在不断进步,即便是缓慢地进步,生活也是健康向上、充满希望的。但是,一旦他不再进步了,不再向更高、更深、更强的方向发展,生活就会变得死气沉沉、平庸至极。

真正的哈佛人，应该有十足的自信

在《哈佛才子》一书中有这样一句话："劝导孩子多想想如何去取得成功，而不要为成功路上可能会遇到的坎坷过多地担忧。相信自己能够取得成功的人，才能够成为一位成功者。"

当初，托马斯蒂在哈佛的毕业成绩非常优异，人们因此非常看好他的未来。但是，毕业十年了，托马斯蒂却依然默默无闻，事业上丝毫没有建树。

托马斯蒂的个案引起了哈佛大学人才研究发展中心的注意，究竟是什么让成绩优异的托马斯蒂成为平庸的人呢？这关系到哈佛今后人才培养的方向，也关系到哈佛的声誉。"我们最不想看到的是，有人指着我们的毕业生说，'看看，这就是哈佛的毕业生，是多么的糟糕呀'。所以，我们要学会培养有成就的人。"人才研究发展中心主任霍华德·曼这样说。

霍华德·曼对托马斯蒂进行了全方位的评估发现，托马斯蒂缺乏自信，这是导致他事业上丝毫没有建树的最主要原因。

哈佛大学针对霍华德·曼的研究在人才培养方向上进行了调整，最明显的体现是，对学生强调自信心的培养，在考察学生的时候，注重自信力的评价。

一个人如果自惭形秽，那他就不会成为一个自信的人，同样，如果他总是觉得自己很笨，那他就成不了聪明人；他不觉得自己心地善良——即使在某些时候还做点好事，那他也成不了善良之人。

霍华德·曼做过这样一个试验：他从一个班的学生中挑出一个最丑陋、最不讨人喜欢的姑娘，要求她的同学们改变以往对她的看法。在一个阳光明媚的日子里，大家都争先恐后地照顾这位姑娘，向她献殷勤，努力找出她身上值得赞赏的地方来表扬她，大家假戏真做，从心里认定她就是位漂亮聪慧的姑娘。结果出人意料！半年以后，这位姑娘出落得很好，连她的举止也大方得体跟以前判若两人。她快乐地对人们说：她获得了新生。

确实，她并没有变成另一个人——然而在她的身上却展现出一种蕴藏的美，这种美只有在自己相信自己，周围的人都肯定自己、爱护自己的时候才会展现出来。其实我们不难理解哈佛大学的做法。在生活中，我们经常看到有些人能力并不十分突出，但却成功了，而能力比这些人强的，取得的成就反不如他们，甚至一败涂地。冥冥中，有某种神秘的东西在帮助这样的成功者。是什么呢？告诉你，是自信。一个人活得不算成功，甚至是失败了，这一定是自身出了问题，很多时候，是不自信把自己打败了而已。所以，后来的哈佛开始注重对学生的自信心的培养。

美国总统罗斯福是个残疾人，那他是个强者还是弱者呢？1962 年，美国历史学会组织美国历史学家投票，选出了五位最伟大的总统，富兰克林·德拉诺·罗斯福排名第三，仅居于亚伯拉罕·林肯和乔治·华盛顿之后，成为美国历史上惟一一位连任四届、主持白宫时间最长的总统。

罗斯福被公认为世界历史上能够扭转乾坤的巨人之一。关于他的国内政绩，关于他在世界历史上曾经发挥的作用。另一位伟人温斯顿·丘吉尔说：罗斯福是对世界历史影响最大的一位美国人。

最近几十年间，由于美国国力的强盛和在国际事务中扮演的重要角色，数任美国总统或多或少地以"世界总统"自居。可以说，如果没有罗斯福，他们就不可能有这样的自信。而罗斯福的这种自信却具有不同寻常的意义。

如果没有这种自信，很难想象他会在 39 岁患上脊髓灰质炎之后，凭

哈佛的另一种学问

着顽强的毅力积极配合治疗，终得幸免于全身瘫痪；更难想象他后来敢于拄着双拐或坐着轮椅出现在1932年总统竞选的讲坛上，并成为美国历史上惟一一位身罹残疾的总统。

自信在罗斯福一生的成长和事业中起到了重要作用，在第一次就职演说中，他针对当时美国社会的经济"大萧条"情景说："首先让我们表明自己的坚定信念：惟一值得恐惧的东西就是不可名状的、未经思考的、毫无根据的恐惧，使转退为进所需的努力陷于瘫痪的恐惧。"

纵观罗斯福一生，我们可以肯定地说，他虽然身罹残疾，但在迄今为止所有的美国总统中，他是拥有最健康心灵的一位。

有人说哈佛了不起，其实是自信给了哈佛人勇气、力量和智慧，敢于做别人不敢做甚至不敢想的事。这样，哈佛人才会赢得全世界的赞誉。

第03辑
去哈佛求取才华，哈佛却只给激发潜能

德里克·博克于1971年出任哈佛校长，他十分关注大学本科的基础教育，采取了有力的措施。他要求学生在知识广度方面对人文科学、社会科学和自然科学三个领域有概括的基本理解。他说："不要担心这样会加大学生的负担，因为他们的潜能是巨大的，我们的责任就是用合适的方式将他们的潜力激发出来，而不是从哈佛学点什么就毕业走人。"

人生就是一个自我激励的过程

个人只有有了动力才能不断进步,在生活中,动力更多来源于——激励,就是激发、鼓励的意思。哈佛大学发现,心理学上激励的含义,主要是指激发人的动机,使人具有一股内在的动力,朝着既定目标前进的心理活动过程。哈佛大学心理学家威廉·詹姆士研究发现,一个没有受到激励的人,仅能发挥其能力的20%～30%,而当受到激励时,其能力可以发挥至80%～90%。这就是说,同样一个人,在经过充分激励后,所发挥的能力相当于激励前的3～4倍。人生也是一个自我激励的过程,否则,即便有完善的人格,缺乏了前进的动力,也很难实现既定的目标,更不可能获得成功。自我激励对成功非常重要,下面是哈佛大学提出的两种被学术界肯定了的激励理论:

1. 期望理论

著名的黑人人权运动领袖马丁·路德·金说:"世界上的每一件事都是抱着希望做成的。"人们基于对环境的认识,进而产生了价值感和目标感,导致需要,而需要又引起动机。但动机是否必定产生相应的行为,则取决于行为导致预期目标的可能性有多大。对此,心理学家弗洛姆提出了一个著名公式:$M=V \times E$。该公式指出了人们的努力行为与其所获最终奖酬之间的因果关系,说明了激励过程是以选择合适的行为达到最终的奖酬目标的理论。

所以,哈佛大学的心理学家认为,当人们有需要,又有达到目标的可能时,其积极性才会高。因此,在奋斗的过程中,个人要不断地用目标来激励自己,不断想象成功后给自己带来的巨大的精神上的满足感。所以,只有具有必胜的信念、强化成功的感受,才能获得成功。

2. 归因理论

当人们在工作和学习中体验到成功或失败时,便会寻找成功或失败的原因，这就是归因理论。

不同的归因会直接影响人的工作态度和积极性，进而影响随之而来的行为状态和工作绩效。对过去成功或失败的归因，会影响对将来的期望和坚持努力的行为。所以无数心理学家都同意这样一个观点：行为和行为的原因一样重要，人若能正确分析自己行为的原因，就可大大提高自己的激励水平。

哈佛大学的罗斯和澳大利亚的心理学家安德鲁斯等人认为，把以往的工作或学习的成功与失败的原因归于内、外因中的稳定性因素还是不稳定性因素，是影响今后工作成功期望和坚持努力行为的关键。也就是说，如果失败被认为是由能力低、任务难等稳定因素所致，就会降低随后的成功期望，失去信心，并不再坚持努力行为；反之，如果把失败的原因归于自己努力不够或运气、机遇等不稳定因素，就会保持甚至增强取得成功的动机，从而进一步增强信心，坚持努力行为。如果你将自己的价值与成败等同起来，必然感到自己是毫无价值的。比如托马斯·爱迪生，如果以某项工作的成败来衡量他的自我价值，那么他在第一次试验失败之后就会认输，就会宣布自己是个失败的探索者，并停止探索用电灯照亮世界的努力，然而他并没有认输。失败是成功之母，它可激励人们去努力、去探索。

运用归因理论来提高自己的积极性，对取得成就有一定的推动作用，特别是对从事具有一定挑战性工作的人，其作用更为显著。这实际上说明，通过改变人的思想认识，可以达到改变人的行为的目的。

我们要善于利用激励理论，客观、积极地分析成功与失败的原因，在奋斗过程中，始终保持旺盛的斗志和良好的竞技状态，为日后的成功奠定基础。

你的潜能无限，人人都会优秀

有人问哈佛大学迈克尔·桑德尔教授："为什么哈佛毕业的学生都如此优秀？是不是因为他们都是最聪明的人呢？"

迈克尔·桑德尔教授回答说："你的潜能无限，人人都会优秀。"

很多人没有听懂桑德尔教授话语的含义，他的意思是，哈佛大学能培养出世界最优秀的人才，只是因为哈佛大学懂得如何开发人的潜能。

在1994年的新生开学典礼上，校长尼尔·鲁登斯坦这样说："有人说我们将世界最聪明的人聚在了一起，但是，我宁愿相信是因为你们有无限的潜能。引发你们潜能的爆发将是我们的责任。"这句话是对桑德尔教授那句话含义的最好验证。

潜能，即一个人的潜在能力。它存在于每个人的身上，等待着我们去发现。如果我们能够发现并利用这种力量，便可以成就我们所向往的一切。如果能够唤醒这种潜在的巨大能量，一个人往往可以创造出奇迹。

曾经有催眠家做过这样的表演，来展示潜能的巨大威力：催眠家首先将一个普通人催眠，然后用两张椅子支撑着这个人的头和脚，中间则没有支撑，让身体处于悬空的状态。一切准备就绪后，催眠家让四五个人站在被催眠者的身体上。这时，奇迹发生了，这位被催眠者竟然可以支撑住这四五个人的重量。然后，催眠家在他身上放了一块木板，让一匹马站在上面，这位被催眠者仍然可以承受住如此巨大的重量。这样不可思议的事情为什么会发生？因为按照常理，一个普通人绝不可能承受住四五个人或者一匹马的重量，况且自己的身体下面还毫无支撑。能够给出合理解释的，就是这个被催眠者自身的潜能。在催眠的状态下，他进入了无意识之中，屏蔽了意识的作用。因此，当有四五个人站在他的身体上时，他不会觉得自己没有能力承受，而是在无意识之中，激发了自己潜在的能量。

可见，在我们的潜意识里，有着无限的能量。这些能量静静地潜伏在我们的心中，只等我们将其挖掘、激发出来。

由此我们相信哈佛校长的那句话：哈佛学生之所以优秀，是哈佛大学懂得"引发你们潜能的爆发"。所以，我们不要担心自己平庸，而是要积极开发自己的潜能。

比如对于语言来说，很多人都觉得自己毫无天赋，自己根本没有能力熟练地掌握一门语言。是的，这是事实。但是，这却不是我们最终的宿命。科学家在研究报告中曾指出，如果我们充分开发自己的大脑，我们完全可以毫不费力地掌握几十种语言。

丘吉尔直到中学毕业时，他的成绩还一直不好。这个爱尔兰人被自己的老师认为是低能、迟钝的人，将来不会有多大出息。但是，丘吉尔并没有因此而对自己失去信心。他刻苦学习，并在印度从军期间阅读了大量的书籍。经过自己的不断努力，他已经能够掌握4万多单词，成为了掌握英语单词最多的人之一。后来，他在就任首相时发表的就职演说——"我没有别的，只有热血、辛劳、眼泪和汗水贡献给你们"，成为了演讲的一篇经典范文。

英国人克·德姆斯·皮锲在16岁时，就基本上掌握了欧洲全部的语言，并自学了阿拉伯语和汉语。

德国的格斯基尔马教授到82岁时掌握了120种语言。

前苏联的奠基者列宁不但精通德语、法语和英语，而且可以流利地运用意大利语、波兰语进行阅读和写作。此外，他还懂得捷克语和瑞典语。

俄国大文豪列夫·托尔斯泰，精通德语、法语、英语。他的巨著《战争与和平》中就有很多内容是运用法语写就的。不仅如此，他还可以驾轻就熟地翻译意大利语；通晓古希腊语、拉丁语和希伯来语；还懂得波兰语、乌克兰语。在他的私人图书馆中，就陈列着14种不同语言的作品。

俄国军事学家苏沃洛夫元帅则在战争期间坚持学习，最终掌握了8个国家的文字。在他订阅的报刊杂志中，就有俄文、德文、法文、波兰文等多国文字。

……

由此看来，语言的掌握并非是一件无法企及的难事。无法企及的难事是我们无法认识到自己拥有无限的潜力。

其实哈佛大学让我们看到，很多人不是天生的平庸，而是不懂得开发自己的潜能。世界上之所以有数量如此庞大的平凡人，正是因为他们还没有意识到自己身上的潜能，还没有试着去打破自己的先天缺陷。他们囿于因先天缺陷而产生的自卑中，因此无暇顾及开发自身的宝藏。如果你愿意开放你的心灵，接受现在的自己，并为现在的自己而骄傲，那么你就可以摆脱自卑的恐惧，进而信心满满地去改造自己的先天缺陷。如果你可以深入到自己的潜意识之中，你就能够发现生命的源泉。一旦你汲取了这生命的泉水，你将获得取之不竭的活力。而成功正是由此而来。

每个人都有着无限的潜力，它就在我们的身体中悄悄潜伏着。而我们所要做的就是，找到破解它的密码，并掌握运用它的技能。

不是你不行，只是你没有激发出潜能

哈佛心理学家托雷斯·亚马尔说："不论是普通人还是创造了辉煌成就的哈佛大学毕业生，几乎每个人利用自己大脑的潜能都很难超过10%。人脑是一种比原子弹更具威力的心理炸弹，能在每个人封闭的力量的内部引起分裂，相应地释放出巨大的能量。"所以，在哈佛大学的教育理念里，重要的不是自己领先同行多少世界顶尖的学术，而是如何将不同的人的潜能激发出来。

最典型的事例是，学生迈克是一名运动员，但在骑摩托车时遭遇事故，腿部受伤导致无法行走，当时，医生们一致认为他只能拄着拐杖行走。可是没过多久，他对腿部进行多次手术后又重返赛场，不仅越过了1.8米的高度，更创造了哈佛跳高纪录。迈克的故事告诉我们这样一个事实：每个人都有巨大的潜能。

哈佛大学测算，如果一个人能发挥自己潜能的一半，他将轻易地熟练掌握40几种语言，能背上整本百科全书，可以拿到几个博士学位。所以说，只要发挥出一点点潜能，你就会成为优秀的人。因此，要充分激发自己的潜能，才能成为优秀的人。就像哈佛大学说的那样，人的优秀取决于对自己的潜能开发多少。

露皮塔是美籍墨西哥人，因为智力很差，从小被列入反应迟钝者之列，没有读完小学她就被学校退学了。16岁那年，露皮塔结婚了，不久生了两男一女。

因为自己不是一个聪明的妈妈，她的孩子被看成是低能者，更可怕的是，孩子们也认为自己就是低能者——这使她难以接受。

于是，露皮塔决心从自己求学做起，自己帮助孩子！

"你的履历表明，你反应迟钝，可能是智力有问题，我不能推荐你上学。"学校大都这样回答她。

最后，在孩子所在学校的校长建议下，她来到克萨斯南方学院，在她的强烈要求下，学院答应她先试一年，并说如果考试不及格就得走。

就这样，露皮塔上学了。家里人虽然支持她的追求，但只是以为要不了多久她就会离开学校，重新回到家里。

在学校里，露皮塔惊奇地发现：自己的能力不比别人差，为什么不能有一个大学学位呢？她相信自己一定可以取得这个学位。于是，她在南方学院学习的同时，又进了潘·美洲大学学习。在她的努力下，3年后，她不仅取得了学院学位，还以优异的成绩取得了潘·美洲大学的管理学士学位。

一般美籍墨西哥母亲都不上大学，孩子们发现母亲如此的与众不同，自信心也随着增强，觉得自己也不是那么差了。在母亲的鼓励下，他们的能力有所发展,学习成绩一天天提高。

随着不断地自我提高,1971年,露皮塔当上了豪斯登大学发起的墨西哥美国文化研究会的理事。1977年,她取得博士学位,接受了颇具威望的美国教育委员会的会员资格。1981年,她又被任命为豪斯登大学的教务长助理。后来,里根总统任命她到全美司法顾问委员会研究所工作。接着,她又获得了各种荣誉:豪斯登大学授予她杰出教学奖,墨西哥瓜达拉哈拉自治大学授予她杰出教育家奖等。

看到自己的母亲如此出色,露皮塔的孩子们也从被视为低能的阴影中走了出来,学习也好了起来。后来,她的三个孩子都小有成就,她的长子马里欧成了一名内科医生,次子维克多是位律师,女儿玛莎在攻读法律。马里欧说:"假如说我们有所作为,那是因为我们的母亲给了我们爱抚、自信和支持,使我们能够有所作为。"

露皮塔的故事让我们有理由相信,人的潜能是深不可测的,如果你能挖掘自身的潜力,那么你就是一个有优势的人。所以说,人人都有优势,只不过优势常常化为潜能,穿着一副隐形衣而已。

世界上成功的人占3%,普通人占97%。3%的成功者和97%的普通人,他们最大的差别就是对于自己潜能的忽视。

电影《阿甘正传》中的阿甘,小时候因为发育的原因,他的双腿需要戴上钢架来矫正,他的行动也因此非常缓慢。在任何人看来,他是一个行动不便的孩子——这是人们惯有的思维,包括阿甘的母亲也这样想。但实际并不是这样,在一个偶然的机会里,阿甘居然扯散钢架,成了一个跑得很快的人,而且他还因为奔跑成就了自己传奇的人生。

在阿甘的故事中,他的母亲给他的双腿固定了钢架,在她潜意识里,自己的孩子是有问题的。如果不是逃避同学的追打,阿甘可能就一直带着钢架,有谁会知道阿甘原来这么能跑呢?

很多人之所以普通,就是因为他们很难做到这一点,他们不相信在自己平庸的背后，隐藏着惊人的潜能。

很多人对自己资质的判断，往往只流于表面，因此，很多人因为在表面上表现不出自己的优势，就会以为自己在本质上也没有什么特长。因为人们常会忽视这样一个问题：在表面的往往是浮土，金子往往都是深埋在地底下的，它需要人力的挖掘。很显然，如果只从表面上去判断自己有无发展的潜质，那么势必埋没自己。

你要优秀，就要学学哈佛的潜能开发

世界潜能大师博恩·崔西曾经说过："潜意识的力量比意识的力量大3万倍以上。"也就是说，我们可以变得比现在的自己强大得多。哈佛大学教授托雷斯·亚马尔说："人的潜能就像是从高空落下的瀑布，如果我们仅仅看到它是从高空落下的水，而不能意识到它将给我们带来巨大的能量，那么我们就只能眼睁睁看着自己身上的能量白白流走，而不可能想方设法建造出一个大坝，利用这水能为我们发电。幸运的是，我们发现了水能发电的原理，为我们人类带来了巨大的可再生能量。而对于我们自身的潜能，我们也应该积极地探索，踊跃地开发。"

哈佛大学提出，在开发潜能的过程中，首先要了解开发潜能的三个主要因素，即高度的自信、坚定的意志和强烈的欲望。

不难理解，高度的自信是一切成功的基础。信心是成功的根源，当我们对自己保持着绝对自信时，我们就可能彻底唤起我们内心的激情，从而使自己进入一种特殊的状态之中。在这种状态下，我们的思维会变得异常活跃，精神也会随之变得熠熠生辉。此刻，我们很容易达到随心所欲不逾矩、灵感犹如泉涌的佳境。可以说，信心是一个人在事业上有所建树的关键因素。

一次，俄国戏剧家斯坦尼斯拉夫斯基一部话剧的女主角临时缺场，出于无奈，他只好让自己的姐姐担任这个角色。但是，他的姐姐因为缺乏信心，排练的效果很难符合他的要求。这让他非常不满，于是他生气地对自己的姐姐说："女主角的戏份是全剧的关键，如果你不能胜任，那么全剧都没有办法进行下去！"听到斥责，全场鸦雀无声。过了很久，他的姐姐抬起头，坚定地说："排练！"之后，她以一种十分自信的态度完成了表演，一扫之前的自卑、羞涩与拘谨。看到自己姐姐如此完美的表演，斯坦尼斯拉夫斯基高兴地说："从今天开始，我们又将拥有一位伟大的艺术家。"由此可见，信心是一个人在事业上有所建树的关键因素。

坚定的意志也关系着一个人的成败。一个哲人曾经说过，太多的失败都是因为意志软弱造成的。我们的意志是一种十分奇妙的力量，往往与人类潜意识的力量有着紧密的联系。通过意志的训练，我们完全可以激发出自己潜意识中的力量。

美国的笛福森在45岁之前，一直是个默默无闻的银行小职员。然而在他45岁生日之时，他受到一篇报道的影响，决定要开创一番大的事业。之后，他根除了脑袋中无所作为的思想，以极大的毅力认真钻研企业管理，终于成为了一名颇有名望的大企业家。

意志给了人坚持不懈的力量，从而使人有机会发觉自身潜在的能量。强烈的欲望是一个人实现梦想的巨大推动力。当一个人强烈渴望某个事物，尤其当这种渴望的程度已深入影响到潜意识时，潜意识中的意志和智慧中的潜在力量便会被激发出来，从而使一个人表现出不同寻常的超人力量。

所以说，只要你愿意去开发，就能产生巨大的能力。哈佛大学为潜能开发提出了以下四个必要的步骤：

第一步：发挥自己的想象力，使自己能够把握每一个选择的机会，让自己能够自主地决定自己要做什么，只有这样，生活才是属于自己的，才能找到光明之路。

第二步：明白自己喜欢什么，不要把社会、家人或朋友认可和看重的事当成自己的喜爱，更不要把自己的喜爱强加在别人身上，也不要简单地认为自己感兴趣的事就是自己的兴趣所在，而要亲身体验并用自己的头脑做出判断。

第三步：要充满激情。一个充满激情的人，无论自己正在从事的是简单的体力劳动还是高级的脑力劳动，都会毫不犹豫地认为，自己的工作是神圣的天职，从事这项工作是在追寻自己的兴趣和爱好。只有自己坚信能够得到某些东西，并且产生一种强烈的渴望甚至冲动，才一定会得到。

第四步：采取积极快速的行动，同时要明白即使是简单的事情也要不断地去做，而这个做的前提就是要马上采取行动，要想成功就要立即行动。如果我们做任何事情都能立即行动，就能发挥自己巨大的潜能。只有立即行动，才能正视自己心中无穷的宝藏。只有立即行动，才能采取大量而有效的行动，使自己产生渴望财富、渴望成功的动力。只要有了这种力量，我们就会比自己想象的还要伟大！

潜能激发的前提是相信所有人都具有巨大的潜能，而且这些潜能还没有被释放出来。虽然人们可能通过自我激励来开发潜能，但更可靠、更适用的方法是通过外因的激发带来能量的释放。因为自我激励需要坚强的意志力，而外因的激活则是人的一种本能反应，而且它的激发本身带有一种竞技游戏的效果，这种效果可能激发起我们的雄心，并使我们在一瞬间看到希望，激发起无限潜力，去追求成功的足迹。这不是假想，我们的生活中，就有无数人在阅读一本激励人心的书，或者是阅读一篇感人肺腑的励志美文时，突然灵光一闪，蓦地发现了一个崭新的自我，从而走向成功。然而，我们中绝大多数人从来没有被唤醒过，一直处于沉睡之中，或者是直到生命走到了尽头，才会对自己的一生做出点滴认识，这样的人生是多么可悲呀！

因此，当我们在生命如此多彩的时候，一定要对自身的潜能有一个清醒的认识。惟有如此，我们才可能有效地发掘生命的潜力，从而最大程度地实现自我的价值。

优秀的人，是因为充分发挥自己的优势

在期末数学考试中，汤姆考了95分。放学后，他兴奋地拿着自己的试卷回家，以期望得到父母的表扬。

汤姆的父母平时对汤姆要求很严格，总是希望汤姆可以做到尽善尽美。于是，当汤姆将自己的试卷放在父母的面前时，他们眼中并没有看到这鲜红显眼的95分，而是看到了其中失去的5分。于是，他们严厉地问汤姆："那5分去哪了？"

看到这个小故事，你是否有似曾相识的感觉？在生活中，你是不是也因为没有做到尽善尽美而被逼问造成这一切的原因？大部分人可能都遭遇过这样的问题。

在传统观念中，缺点、缺陷一直被认为是我们成功道路上最大的敌人。因此，对于缺点，我们必须通过各种细微的细节来发现它，进而改正它。在传统观念的影响下，人们往往更愿意花费大量的时间、精力来改正自己的缺点，而忘了留下一部分时间和精力来发扬自己的优势。

哈佛大学教授安娜·斯洛指出："人们在追求改善自身缺点的过程中，已经忘记了自己还具备的那些优势。所以，即使我们开始重视自己的优势，我们也无法清楚地了解到自己到底具备何种优势了。大部分哈佛学生只知道来哈佛学什么，但不知道自己的优势何在。如果你问他们，他们就会呆呆地看着你，或文不对题地大谈自己在哈佛学的那些具体知识。"

不止是哈佛的学生，很多人都对自己的优势置若罔闻，却往往对他人的优势了如指掌。是的，这看起来让人觉得讽刺。但是，仔细思索一下，却又合情合理。人们往往将自己的目光投射在他人的身上，通过与他人的比较，人们改善着自我，发展着自我。可以说，他人是自己认识自我

的一面镜子。正是在这样的心理支配下，人们对他人的优势产生了无限地渴求，因而也无限地放大了自己的缺点。可是，我们必须懂得，如果我们不能够以自己的优势来创造自己的生活，那么我们无异于在毁灭自己的生活。对此，马克·吐温和歌德想必是深有体会。

在写作事业取得成功之后，马克·吐温的自信心开始急剧地膨胀。当他看到别人通过经商取得了比他更多的财富时，他毅然决然地投身到了商海之中。最初，他投资开发打字机，但是这一项目不仅没有给他带来财富，还让他赔了5万美元。对于这笔巨大的损失，马克·吐温发誓要用经商将其补偿回来。于是，他又创建了一家出版公司。但是图书出版和写作是风马牛不相及的事情，马克·吐温在出版事业中再次遭遇"滑铁卢"。不仅公司破产倒闭，自己还陷入了债务危机。

通过商海的浮沉，马克·吐温领悟到自己的优势还是在写作、演讲方面。于是，他又重新开始自己之前的写作、演讲事业。在写作、演讲领域，马克·吐温如鱼得水，不仅为自己赢得了更大的声誉，还清偿了自己因为经商所欠下的债务。

歌德在年轻时，曾经立志要成为一名举世闻名的画家。为此，他一直致力于绘画的学习和研究。然而，经过10年的努力，歌德发现自己的画技并没有得到多大的提高。在他40岁时，歌德游历了意大利。在亲眼见到那些大师的杰作后，歌德猛然醒悟：即使自己花上毕生的精力，也不可能在绘画上取得伟大的成就。在经过再三的思索后，歌德决定将自己的精力全部投入到自己更擅长的写作事业中。

充分发挥自己的优势，你才能在短暂的生命、有限的精力限制下取得最大的成就。

哈佛大学曾经提出过一个优势理论。在优势理论中，哈佛大学指出，成功的人虽然取得成功的途径各有不同，但是有一点却是相通的，那就是扬长避短。是的，只有优势，才是你鹤立鸡群的最大资本。当我们在孜孜不倦地追求弥补自己的缺点时，也请留出一部分时间来进一步提高、巩固自己的优势。因为，只有拥有一技之长，只有充分发挥自己的优势，才能使自己站在成功的最高峰。而过分地关注自己的缺点，不仅会使你产生强烈的自卑感，还会极大地消耗自己有限的时间和精力。退一步说，即使你弥补了自己的缺点，如果没有突出优势的话，你也只能是一个四平八稳、平庸无为之人。

因此，如果想要取得成功，我们就要充分地发挥自己的优势。如果你还没有认识到自己的优势，那么请赶快将其找出。

只有拼一把，才会有优秀的哈佛人

哈佛大学的优秀者所拥有的很多东西不是哈佛大学所给予的，但它们一定是哈佛大学激发出来的结果。曾经毕业于哈佛大学的杰伊有一段难忘的经历，那一次他突破了个人的极限，真正地认识到了潜能惊人的力量。

这一年，哈佛选一名救生员。杰伊作为哈佛大学内的游泳健将被幸运地选上。但是之前学校要对其进行必要的严格考试，成绩合格的才能被选上。

考题叫"对岸"——杰伊肩上套着两根分别为60英尺长和8英尺长的绳子，用它们给后面的人领路并保证他们的安全。已是初冬时节，他在刺骨的水里逆流游到芦苇丛生的对岸，把60英尺长的绳子绑到一棵树上，然后拿着8英尺长的绳子回到河道中央，在那里随时准备救助失足落水的队友。

杰伊死死地用一只手抓着绳子——它像一条蛇，总想从他手中滑落——另一只手抓着芦苇寻求支撑。杰伊站在水里，看队友一个个拉着60英尺长的绳子渡河。他必须坚持到所有队友顺利抵达对岸。

后来，杰伊感觉到自己的体温逐渐下降，冷得令人难以忍受，但杰伊尽力使自己相信这不是真的。他浑身痉挛性地颤抖，引起安全员的注意，他给杰伊鼓劲。但杰伊的四肢严重抽筋，他发出了请求。最后，安全员把他从水里拉出来。

这时，另一个安全员来到杰伊坐着的地方，杰伊还在浑身抽搐。"想回家？"那个安全员粗哑地说。另一个安全员也插嘴说："想回家找妈妈？"杰伊觉得这两个安全员冷酷得像冷血动物。杰伊沉默地坐着，他知道这意味着什么，杰伊知道自己必须做出决定了。

在这个测试中，那些半途而废的人都是打着点滴被抬走的——因病退出，最起码还能保全面子。当然，只要愿意，杰伊也可以主动退出，但记录上就会被注明：缺乏耐力。学校的同学们会因此嘲笑和挖苦杰伊，说着侮辱和难听的话，足足过了10分钟。最后，杰伊回答道："报告，我不回家！"

"那就滚回水里去。"

杰伊站起来，强打起精神，第二次走入水中，这次他终于熬到了最后的时刻。最后一名队员渡过河后，杰伊被人从水中拉出。几个人过来用毯子把他裹了起来，生了一堆火给他取暖。杰伊赢了，赢在他挑战了自己的身体与心理所能承受的极限。

杰伊回忆说："尽管每次回忆起那段经历，心中都隐隐作痛，但还是忍不住重温那胜利的时刻。我吃不香、睡不好，还遭到嘲弄。你可以想象被那些安全员嘲弄的情形。但我没有失去信心，反而增强了信心，如果让我重新考虑，我还是会做出同样的决定。我不是因为怕别人取笑才这样做的，也不是为了达到救生员的标准，重回水中是为了达到自己的标准！我心里想：也许我可以放弃，但放弃与否应由自己决定，而不是由这群侮辱我的人决定。正是这种想法支撑我坚持下去。由此，我也深刻地明白了，到底是什么让一个人超越耐力极限去实现自己的目标。"

从杰伊的事例中，我们可以看到，人的潜力是巨大的，只要挖掘出自身的潜能，许多不敢想象的事都能做到。人最大的敌人就是自己，激发潜能、打破自我的束缚就能超越自我，到达人生的另一个境界。哈佛一直秉承的理念是：是不是千里马跑一下就知道，几乎所有的学生都这样，只有让他们挑战一下他们的极限，他们才能让你看到他们到底有多强大。

约翰是哈佛大学乐队的成员，为了一年一度的新年演出，他不得不努力地练习新的曲子。有一天，他和往常一样走进了练习室，看到钢琴上摆着一份全新的乐谱。"超高难度。"他翻着乐谱喃喃自语，感觉自己对弹奏钢琴的信心似乎跌到了谷底：自己跟这位指导教授已经练习三个月了，不知道教授为什么要以这种方式刁难自己。

约翰勉强打起精神，开始练习。琴声盖住了教室外面教授走来的脚步声。

指导教授是个极其有名的音乐教授。授课的第一天，他递给约翰一份乐谱，说："试试看吧。"乐谱的难度颇高，约翰弹得生涩僵滞、错误百出。下课时，教授叮嘱约翰说："还不熟练，回去好好练习。"

约翰练习了一个星期，第二周上课时正准备让教授验收，没想到教授又给了他一份难度更高的乐谱。"试试看。"上星期的课，教授也没提，约翰再次挣扎于更高难度的技巧挑战。

第三周，更难的乐谱又出现了。

这样的情形持续着，约翰每次练习都会被一份新的乐谱所困扰，然后把它带回家去练习，接着再回到教授面前练习，重新面对更高难度的乐谱。他怎么都赶不上进度，一点也没有因为上周的练习而有驾轻就熟的感觉，约翰感到越来越沮丧。

有一天，像往常一样，教授走进了练习室，约翰再也忍不住了，他必须问清楚这三个月来教授为何要不断折磨自己。教授没开口，他抽出最早的那份乐谱交给约翰，并说："你来弹弹这份乐谱吧。"

不可思议的事情发生了，连约翰自己都惊讶万分，他居然可以将这首曲子弹奏得如此美妙、如此精湛。教授又让约翰试了第二次练习的乐谱，约翰依然有超高水准的表现。

教授欣慰地说："如果我不这样训练你，可能你现在还在练习最早的那份乐谱，也就不会达到现在的水平。"

挑战自身的极限是对自身潜能的一种激发方式。人往往习惯于表现自己所熟悉、擅长的部分。但如果愿意回首，就会恍然大悟：从前看似紧锣密鼓的挑战、永无休止的压力，却使自己在不知不觉间练就了今日的坚强。

向自己的弱点开炮，你才能让自己重生

哈佛大学历来倡导扬长避短，有缺点就要及时改正的思想。因为，人要想不断地提升自己，就要勇于找出自己的弱点，并进行批评与反思。"大学的荣誉，不在它的校舍和人数，而在于它一代又一代人的质量。"这是哈佛大学第23任校长科南特对哈佛大学办学方针的总结。在哈佛大学学习中，老师总要求学生这么做。他们都勇于向自己的弱点开炮，深刻剖析自己的不足之处。通过哈佛大学的锻炼，学生们在批评与反思中很大程度地完善了自己，也大大提高了自身的素质。

无数优秀的哈佛人的成功之路，无不是以"把困难当成挑战"、"把弱点当成对手"的自我激励而开始的。而我们在实际的生活工作中，却常常遇到临阵逃脱、畏缩不前，面对弱点和缺陷视而不见的失败者。他们之所以困顿不前，正是他们漠视弱点，逃避缺陷的性格造成的。

哈佛商学院营销专业的学生霍华德说："哈佛教给我的不仅有新颖的营销理念，还有自我提升的能力。"

为了提高自己的实践能力，霍华德在课余找了一份推销保险的工作。但是，三个月过去了，竟然一份保单也没拿到，他非常沮丧。

这一天，帕蒂教授让霍华德来到自己的住所，让他尝试向自己推销保险。

当霍华德滔滔不绝地向自己的老师介绍投保的好处时，帕蒂教授一言不发，只是很耐心地听他把话讲完，然后用平静的语气说："听了你的介绍，丝毫不能引起我对投保的兴趣。孩子，先努力去改造自己吧！"

"改造自己？"霍华德大吃一惊。"是的，你可以去诚恳地请教你的投保户，请他们帮助你改造自己。我看你还算是有头脑的人，倘若你按照我的话去做，将来一定会做出一番成就的。"

霍华德接受了老师的教诲，于是，帕蒂教授给他策划了一个"霍华德批评会"。集会的目的是让别人能坦率地批评霍华德，为此，他确定了下列三项原则：

（1）集会上人人都能畅所欲言，但参与集会的人最多只能是五个。

（2）为了要让更多的人都有批评的机会，每次邀请的对象不能相同。

（3）既然是主动邀请别人来的，来者就都是贵宾，一定要热诚地予以招待。

当一切准备就绪，帕蒂教授让霍华德立刻去拜访几个投保户，霍华德诚恳地对他们说："我才疏学浅，又没有上过大学，因此连如何反省都不会，所以我决定召开霍华德批评会，恳请您抽空参加，对我的缺点加以指正。"这些人觉得这种性质的集会很有意思，都很爽快地答应了。

帕蒂教授策划的批评会终于如期开场，霍华德觉得自己就像是砧板上的一块肉，等着任人宰割。第一次批评会霍华德就原形毕露：你的脾气太坏，而且粗心大意；你太固执，常自以为是，你应该多听别人的意见；你的个性太急躁了，常常沉不住气；对于别人的托付，你从来不会拒绝；你的知识不够丰富，所以必须加强进修，以成为别人的"生活指导者"；待人处事千万不能太现实、太自私，也不能耍手腕或耍花招，一切都应诚实。霍华德把这些宝贵的逆耳忠言一一记下来，并以此随时反省自己。

此后，霍华德批评会按月定期举行，霍华德发觉自己就像一条蚕正在慢慢地"蜕变"。每一次的"批评会"，他都有被剥一层皮的感觉。经过一次又一次"批评会"的洗礼，他把身上一层又一层的弱点剥了下来。随着弱点的消除，他开始进步、成长。

后来，他把在"批评会"上获得的改进用在每天的推销工作中，业绩从此直线上升,哈佛还没毕业,他就成为一名优秀的推销员。

霍华德的成功说明了一个人应该不断地向自己的弱点挑战。挑战自我,拿自我的弱点开刀,才是成功的关键所在。但是向别人挑战易,向自己挑战难。所以,哈佛大学用行动告诉我们,挑战自我,就是勇于向自己的弱点和缺点宣战。因为,真正的哈佛人相信,挑战已不是目的,目的是要"降服自己",使自己成为一个"自胜者",成为命运的主人。

所以,哈佛指出,向自己的弱点开炮,你才能让自己重生。的确,只有那些勇于承认自身弱点,并积极克服的人,才能成为最后的胜者。

第04辑
哈佛说:这里毕业得张纸,苦难毕业得成功

　　1953—1971年普西任校长,在他的主持下,哈佛大学进行了美国高等教育史上规模最大的募捐活动,筹集资金达8.25亿美元,这项活动提高了哈佛大学教师的薪金,扩大了对学生的资助,建立了新的教授职位,充实了教学设备。普西说过这样一句话:"让人感受最深的是,哈佛学生学的太苦了。但这或许就是他们所需要的。因为哈佛毕业后,我们只能给他发个证明,但是经历苦难后,很多人却迎来了成功。"

跳出来，不要让失败的体验将你定格

为什么有人会对世界产生消极的态度？哈佛大学的罗杰教授对其进行了深入的研究，发现很大一部分原因就是这些人遭受了打击的失败。经历了一次又一次的失败后，有些人便开始对这个世界失去了耐心，他们往往会将自己失败的原因归结为世界的不公平；而有些人则会对自己失去了信心，他们往往会将自己的失败归于能力的不足。"不论这些人如何归因自己的失败，消极的心态都已经在他们心中牢牢扎下了根。一旦消极的心态形成，它就会马上反过来强化这些人的失败感，从而使他们被失败的体验所定格。"罗杰如是说。

哈佛大学的主流学者认为，一个被失败所定格的人，是没有可能在余下的生命中取得成功的。或许有人会反驳罗杰教授的观点："我并不消极，但是仍然没有成功。"罗杰的解释是："如果你确实没有消极心态的话，你已经具备了获取成功的重要素质。你之所以没有取得成功，那是因为你还没有完全发展出自己应有的能力。"

哈佛大学不仅找到了很多人失败的根源，更从一个侧面给出了根治这个"病根"的处方：不要害怕失败，不要屈服于失败，这样你才会成功。

事实证明，一个成功的人并不是没有经历过失败的人，而是一个拥有坚强乐观的心灵，善于从失败中获取成长养分的人。他们也曾体验到失败的痛苦，但是他们不会让自己被失败所定格。因为，他们清楚地知道，失败不会带来成功，只有从失败中站立起来，继续奋斗，一个人才有成功的可能。

法国作家左拉曾是一个经常失业的人。由于生活所迫，他不得不靠捕捉麻雀、捡别人吃剩下的鱼头鱼尾充饥。但是，这没有妨碍他的伟大志向。他仍然积极地投入到社会生活中去，认真地观察，细心地了解，最终凭借自己的坚强意志完成了600多万字的著述。

当艾力斯·赫利还只是一个文学青年的时候，他基本上每周都会收到一封退稿信。这种情况一直延续了4年的时间。经过无数的打击，赫利对自己几乎失去了信心，几次都想停止《根》的写作。如此又痛苦挣扎了几年，赫利已经感到没有成功的希望，于是决定跳海自杀。当他站在船尾，准备跳出大海的一刹那，他突然听到了祖先对自己的召唤："你应该去做你应该做的，我们都在天国注视着你，千万不要放弃！你能成功，我们对你充满信心！"就这样，赫利停止了自己愚蠢的行为，并积极投入到《根》的最后创作中，终于完成了这部杰出的作品。

医学家乔纳斯·索尔克博士为人类攻克脊髓灰质炎做出了重要的贡献。但是，他的成功得来不易，是经过201次试验才研制出了预防脊髓灰质炎的疫苗。当人们问他是如何面对之前的200次失败时，索尔克博士是这样回答的：

"我这一生中从来没有经历过200次失败。在我的字典里面，从来没有'失败'这个词汇。那200次你们所谓的'失败'只是我的尝试。经过不断地尝试，我增加了自己的经验，学到了更多的知识。实际上，我只是做了201次发现而已。没有前200次的尝试，就不可能有现在的成果。"

索尔克博士对于"失败"的见解，不仅值得我们每一个人学习，更可以从侧面诠释哈佛大学的论断。其实，失败并没有想象中那么可怕，它只是为我们关闭了一条不能通向成功的道路而已。可是，很多人却依然忌惮于失败的淫威，而不敢放开自己的手脚，积极地为自己的成功奋斗。

是的，我们的周围存在着太多被失败所定格的人。他们不但自己失去了奋斗的欲望、成功的信心，而且还经常将自己的失败看成是成熟的表现。在他们眼里，一个成熟的人必须是能够看到事情所有弊端的人，能够积极地维护自己当前利益的人。正是在这样的思想指导下，他们不但固步自封，而且还以一个成功者的姿态来指导后进者。看到那些充满拼搏精神的后生晚辈，他们总会不住地摇头，认为这些晚辈只是初生的牛犊、毛头小伙而已，等他们经历了生活的打击后，他们就会变得"成熟"起来。出于对后辈的关爱，这些人会如数家珍似的向晚辈介绍自己对生活的体验，以期能够减少晚辈可能遇到的风险。而这些心智没有达到真正"成熟"的后生也经常会被他们的高谈阔论所吸引，被他们的谆谆教诲所折服。就这样，这些心理早已被失败所定格的人通过自己的影响，又在不断地传播着一些消极、负面的思想。而接受这些消极思想的青年，真可谓是出师未捷"心"先死了。

所以，千万不要被失败的体验所定格，如果你的心被失败的感受所填满，你就再也找不到成功的方向了。"失败乃成功之母"，这句话应该成为我们每个人激励自己的警句。失败并不可怕，即使我们在事情上面失败了1000次，我们还是拥有胜利的可能。但是，如果我们在心灵上面失败了一次，那么我们就会彻底葬送自己的前程。"哀莫大于心死"。同样，失败也莫过于在心理上彻底投降。

积极地去面对生活中的每次挫折吧，因为这对我们来说也是一笔人生的财富。生活本来就是丰富多彩的，事物的发展也是相辅相成的。"有无相生，难易相成，长短相较，高下相倾，音声相和，前后相随"。当我们试着以一种包容的眼光去看待这一切时，我们就不会使自己沉浸在失败的痛苦之中，而会一种更加平和、更加光明的心态去积极地品尝失败的滋味，去感受生活的循环往复。

永不放弃，让你成为卓越的人

不知道从什么时候起，"永不放弃"成了哈佛大学安东尼·塞奇教授的口头禅——他总是以此警示那些在学业研究上出现困难和失败的人。对此，塞奇教授解释说："在这个世界上，没有什么比坚持对成功的意义更大。作为哈佛学生应该明白'坚持'意味着什么。因为只有坚持,学生们才能顺利地通过一项又一项的高强度学习和考试;只有坚持,学生们才能战胜一个又一个困难,最终取得最好的成绩;只有坚持,学生才能骄傲地站在哈佛大学的毕业典礼的会场上,宣告自己顺利地完成了学业。"

哈佛大学法学院的毕业生、美国著名律师布莱德雷说:"坚持是任何人人生中都要经受的一件事。"

布莱德雷是一名律师,也是一名航海爱好者。有一次,他一个人在大海上航行,突然遇上了强烈的风暴,船沉没了,他侥幸上了救生艇而幸免于难。他的救生艇在风浪中颠簸起伏,如同叶子一般被吹来吹去,他迷失了方向,救援的人也没有找到他。

天渐渐黑下来,饥饿、寒冷和恐惧一起袭上心头。然而,他除了这个救生艇之外,一无所有,灾难使他丢掉了所有,甚至自己的眼镜。他的心灰暗到了极点,他无助地望着天边。

正在他绝望的时候,忽然看到一片片阑珊的灯光,他高兴得几乎叫了出来。那片灯光使他想到了家里的灯光、妻子还有可爱的孩子,想到了在哈佛大学读书时安东尼·塞奇教授的口头禅:"永不放弃"这句年轻时激励他从困境中走出来的话。他想这次他一定要做到"永不放弃",于是他奋力地划着救生艇,向那片灯光前进。

三天过去了,饥饿、干渴、疲惫更加严重地折磨着他,好多次他都觉得自己快要崩溃了,但一想到"永不放弃"那句话,他又陡然添了许多力量。第四天的晚上,他终于划到了岸边,此时,他已经不吃不喝地在海上漂泊了四天四夜,当有人惊奇地问他是否有人帮助他脱离了困境时,他很骄傲地说:"没有任何人,是我自己。"

哈佛大学知道了这件事情后,请他去给学生们讲讲他的这次经历,以此教育学生如何应对人生的困境。

布莱德雷的经历再次证明:坚持是卓越与平庸的分水岭!其实,99%

的人的失败，都是因为"临门一脚"的时候，放弃了。正如古希腊哲学家苏格拉底所说："许多赛跑者的失败，都是失败在最后几步。坚持奔跑已经不容易，跑到尽头当然更困难。"布莱德雷的成功就来自他内心的那一份坚持，面对困境，他没有放弃自己内心的追求，持久的忍耐让布莱德雷成为最后的赢家。

持久的忍耐力是获胜的基石。没有长久的坚持，就不可能取得超人的成就。在西奥多·罗斯福身上，"坚持"二字同样体现得很好。

很小的时候，罗斯福就下定决心要实现自己的所有抱负。小时候，罗斯福患了严重的哮喘病，这让他非常痛苦。医生说，光呼吸就加重了心脏的负担，这个孩子的生命将会非常短暂。父亲告诉罗斯福："儿子，你头脑很好，却没有一个好身体。没有身体的帮助，头脑就不能发挥自己应有的作用。所以，你必须让身体强壮起来。"

罗斯福接受了这个挑战，他开始锻炼身体，他每天待在健身房里，为了强身健体的目标苦练。他每天打网球、打曲棍球、划船、游泳，变着方式锻炼身体。虽然医生断定他活不长，但罗斯福用自己的实际行动证明了医生的判断是错误的。

在学习和职业生涯中，罗斯福也下定了同样的决心。15岁时，他开始发奋学习，准备考哈佛大学。父亲聘请了一位家庭教师教他数学、拉丁文和希腊文。他为自己制定了一个每周5天、每天6～8小时的学习时间表。经过努力，罗斯福顺利地考入了哈佛大学。

罗斯福继承了父亲的理想，并努力通过工作去实现它。他相信人人都需要创造属于自己的未来。政府的责任是保证机会平等，人民的责任就是接受挑战。因此，他下定决心要进入政坛，治理腐败现象。

理想指引着罗斯福，决心又赋予他热情。他以上校的身份组织了"勇猛骑兵队"，同古巴和西班牙作战。他的事业便是争取自由。在任纽约州州长时，他治理企业里的腐败现象，维护移民工人的权利。成为美国总统后，他打压大企业中的压榨和罪恶行为，使工人和经营者都受益，他将其称为"公平交易"。

在培养子女的情商时,罗斯福的坚定得到了最充分的体现,他希望每个孩子都能见义勇为。他对六个孩子说:"放开手脚,遵守规则,冲向目标!"

英国的一句谚语说:"一个人如果有自己系鞋带的能力,那么他就有上天摘星星的机会。"只要坚持下去,一个庸俗平凡的人也会有成功的一天,否则即使是一个才识卓越的人,也只能遭遇失败。

坚持是卓越者的特点。现实生活中,每个人都有自己的理想,却并不是每个人都能坚持自己的理想。因此,我们只有培养自己的耐力,并靠它长久地坚持下去,才能渡过难关,将最初的"不可能"变成"可能"。

人生的大胜,常常是转败为胜

"幸运固然令人羡慕,但战胜逆境则令人敬佩。"这是哈佛大学教授莫里斯模仿斯多葛派哲学讲的一句名言。因为无数的事实证明,人的成功,往往都是在对逆境的征服中出现的。

莫里斯教授曾这样对他的学生们说:"挫折是人生的一种历练,没有人会不劳而获,在闯荡的过程中,你要付出汗水,还要勇敢地面对挫折与失败。当我们观察成功人士时,会发现他们的背景各不相同。那些大公司的经理、政府的高级官员以及每一行业的知名人士都可能来自贫寒家庭、破碎家庭、偏僻的乡村甚至于贫民窟。这些人都是社会上会闯的人,他们都经历过艰难困苦的阶段。"

的确是这样的。当失败来临时,有的人就无法爬起来了,他只会躺在地上骂个没完,或者跪在地上,准备伺机逃跑,以免再次受到打击。但是，藐视困难的人却大不相同。他被打倒时，会立即反弹起来，同时会汲取这个宝贵的经验教训，继续往前冲刺。

几年前，哈佛的一个教授把毕业班一个学生的成绩打了个不及格，这件事对那个学生打击很大。因为他早已做好毕业后的各种计划，现在不得不取消，真的很难堪。他只有两条路可走：第一是重修，下年度毕业时才能拿到学位；第二是不要学位，一走了之。在知道自己不及格时，他非常失望，并找这位教授要求通融一下。在知道不能更改后，他向教授大发脾气。这位教授等待他平静下来后，对他说："你说的大部分都很对，确实有许多知名人物几乎不知道这一科的内容。你将来很可能不用这门知识就获得成功，你也可能一辈子都用不到这门课程里的知识，但是你对这门课的态度却对你大有影响。"

"你是什么意思？"这个学生问道。教授回答说："我能不能给你一个建议呢？我知道你相当失望，我了解你的感觉，我也不会怪你。但是请你用积极的态度来面对这件事吧。这一课非常非常重要，如果不由衷地培养积极的心态，根本做不成任何事情。请你记住这个教训，5年以后就会知道，它是使你获益最大的一个教训。"后来这个学生又重修了这门功课，而且成绩非常优异。不久，他特地向这位教授致谢，并非常感激那场争论。"那次不及格真的使我受益无穷。"他说，"看起来可能有点奇怪，我甚至庆幸那次没有通过。因为我经历了挫折，并尝到了成功的滋味。"

这位教授让学生意识到：他们都可以化失败为胜利。从挫折中汲取教训，好好利用，就可以对失败泰然处之。千万不要把失败的责任推给你的命运，要仔细研究失败的实例。如果你失败了，那么继续学习吧！这可能是你的修养或火候还不够好的缘故。世界上有无数人，一辈子浑浑噩噩，碌碌无为，他们对自己的平庸总会有这样或那样的解释，这些人仍然像小孩那样幼稚与不成熟；他们只想得到别人的同情，简直没有一点主见。由于他们一直想不通这一点，才一直找不到使自己变得更伟大、更坚强的机会。这也正是成功人士与失败者的最大区别。

其实，懂得人生的人往往不喜欢平稳庸碌的生活，他们多半有胆量去尝试一些困难的、冒险的却充满生气而有意义的生活。因为他们知道，只有克服了困难，穿过了险境，他们才会尝到人生的真味，才会懂得人生的苦是怎样的苦法，乐又是怎样的乐法，他们最大的收获往往是通向成功的彼岸。

美国人希拉斯·菲尔德先生退休的时候已经积攒了一大笔钱，足够过上富裕的日子。然而这时他又忽发奇想，想在大西洋的海底铺设一条连接欧洲和美国的电缆。随后，他就全身心地开始推动这项事业。菲尔德先生首先做了一些前期基础性的工作，包括建造一条1000英里长，从纽约到纽芬兰圣约翰的电报线路。纽芬兰400英里长的电报线路要从人迹罕至的森林穿过，所以，要完成这项工作不仅包括建一条电报线路，还包括建同样长的一条公路。此外，还包括穿越布雷顿全岛共440英里长的线路，再加上铺设跨越圣劳伦斯海峡的电缆，整个工程十分浩大。菲尔德使尽全身解数，总算从英国得到了资助。随后，菲尔德的铺设工作就开始了。电缆一头搁在停泊于塞巴斯托波尔港的英国旗舰"阿伽门农"号上，另一头放在美国海军新造的豪华护卫舰"尼亚加拉"号上。不过，就在电缆铺设到5英里的时候，它突然卷到了机器里面，被弄断了。

菲尔德不甘心，进行了第二次试验。试验中，在铺好200英里长的时候，电流中断了，船上的人们在甲板上焦急地踱来踱去，好像死神就要降临一样。就在菲尔德先生即将命令割断电缆、放弃这次试验时，电流又神奇地出现，一如它神奇地消失一样。夜间，船以每小时4英里的速度缓缓航行，电缆的铺设也以每小时4英里的速度进行。这时，轮船突然发生了一次严重倾斜，制动闸紧急制动，不巧又割断了电缆。但菲尔德并不是一个在挫折面前低头的人。他又购买了700英里长的电缆，而且还聘请了一个专家，请他设计一台更好的机器。后来，在英美两国的机械师联手下才把机器赶制出来。最终，两艘军舰在大西洋上会合了，电缆也接上了头。

随后，两艘船继续航行，一艘驶向爱尔兰，另一艘驶向纽芬兰，在此期间，又发生了许多次电缆割断和电流中断的情况，两艘船最后不得不返回爱尔兰海岸。

在不断的挫折面前，参与此事的很多人一个个都泄了气，公众舆论也对此流露出怀疑的态度，投资者也对这一项目没有了信心，不愿再投资。这时候，又是菲尔德先生，又是他百折不挠的精神和他天才的说服力，使这一项目得以继续。菲尔德为此日夜操劳，甚至到了废寝忘食的地步。他决不甘心失败。于是，尝试又开始了，这次总算一切顺利，全部电缆成功地铺设完毕而没有任何中断，几条消息也通过这条漫长的海底电缆发送了出去，一切似乎就要大功告成了，但就在举杯庆贺时，突然电流又中断了。这时候，除了菲尔德和一两个朋友外，几乎没有人不感到绝望的。但菲尔德始终抱有信心，正是由于这种毫不动摇的信心，使他们最终又找到了投资人，开始了新的一次尝试。这次终于取得了成功，正是菲尔德这种不畏挫折的精神，不断地战胜挫折，并最终创造了辉煌的历史。

希拉斯·菲尔德先生的经历是充满挫折的，但他的精神是可贵的，取得的成绩是辉煌的。在我们一生中都会遇到很多或大或小的挫折，这一点谁都无法避免。在挫折面前，我们不要被吓倒，应该直面挫折，把它们当成是成功对我们的考验，坚强地继续走下去。那么，挫折就会成为一笔可贵的财富，成为你成功的垫脚石。

在失意中坚守自己，你就会获得成功

毕业于哈佛商学院的 TOOG 公司总裁回到哈佛演讲时这样说："对一个人来说，要想在自己的事业上获得成功，也许肉体上的折磨算不了什么，只有精神上的折磨可能才是最致命的。如果你有心开创自己的事业，你就一定要先在心里问一问自己，面对从肉体到精神上的折磨，你有没有那样一种宠辱不惊的'定力'与'精神力'。如果没有，那么一定要小心。"

哈佛著名心理学家瓦尔特·米歇尔曾在一群小学生身上做过一个有趣的实验。

他给每个孩子发一块软糖，然后告诉他们说他有事要离开一会儿。他希望孩子们都不要吃掉那块软糖，他允诺说：假如你们能将这些软糖留到我办完事情回来，我会再奖励给你们两块软糖。然后他出去了。寂寞的孩子们守着那块诱人的软糖等啊等，终于有人熬不住了，吃掉了那块软糖。接着，又有人做了同样的事……20分钟后，米歇尔回来了。他履行诺言，奖励没有吃掉糖的孩子每人两块糖。多年以后，他发现，那些不能等待的孩子大多一事无成，而日后创出一番业绩的全都是当年那些愿意等待的孩子。

许多人尤其是刚刚参加工作的哈佛毕业生，往往会对自己选择的工作不满意，常常抱怨公司或单位的条件太差，埋没了自己的才华，整日感叹没有一个伯乐来赏识自己这匹"千里马"。因此，在做事上就形成了拖拖拉拉的习惯，工作上保持三分钟的热度，站在这个山头上总是看见那个山头高，总是在暗地里盘算着要去别的地方走一遭，换个新环境，舒畅舒畅。

那么，如何纠正学生心中的这份浮躁呢？这成为哈佛大学面临的严峻问题。如果学生能在自己做出选择的那一刹那，就把自己的心踏实下来，就打算坚持下去，那他一定会在脚下的这块土地上掘出生命之水来，而不是挖一个坑换一个地方，到最后有被渴死的可能。有些时候，缺乏坚持的恒心，缺乏忍耐的精神，可能是因为小时候没有训练出这样的品质，没有这样的机会培养出这样的习惯！

哈佛发现，要是学生能懂得在失意中坚守自己，学会忍耐，那么，他们获得成功的机会就会更大。

但是，坚强的忍耐力对于每个人来说都不是天生的，而是需要在生活中磨炼。忍耐力是非智力因素中的重要一项，有些人可能是由于社会环境的影响或者是作为独生子女的"中心"地位的副作用，在学校、在家庭，养成了任性、冲动、无耐性的坏习惯，他们无克制力、意志薄弱，做事往往虎头蛇尾。这种习惯无论是对他个人还是对社会都是不利的，都无法很好地适应现代经济发展的态势。

无论你现在是一个默默无闻的小职员，还是一个不甘于继续当下环境的三分钟工作者，如果你想真正改变自己，真正让自己在工作上有突出的表现，那你就必须学会暂时的忍耐，忍耐环境对你的磨炼，对你的考验。既然选择了，就不要轻易放弃，否则你将永远一事无成。

哈佛大学法学院的特恩教授出生在宾夕法尼亚州，父亲是小镇上一个小有名气的外科医生。特恩中学毕业时并没有什么新的打算，只是准备继承父业。在医学院求学期间，他对医学研究专心致志，从不动摇，周围的人都很佩服他的坚韧刻苦。当他回到家乡，就积极从事实践活动。

随着时间的变化，他对这门职业渐渐失去了兴趣，对眼前小镇的闭塞与落后也日益不满。这时，他对生理学发生了兴趣，并有了自己的思考，十分渴望进一步提高自己。

父亲完全赞成特恩本人的愿望，于是把他送到了英国的剑桥大学，让他在这个世界闻名的大学进一步深造。不幸的是，过分地用功严重地损害了他的身体。为了恢复健康，作为一个医生，他接受了一项职务——去络德奥克斯福德当一位旅行医生。在此期间，他掌握了意大利语，并对意大利文学产生了浓厚的兴趣，对医学的兴趣反而越来越淡。很快，他就坚决地放弃了医学，决心攻读其他学科的学位。经过一段时间的努力，他获得了当年剑桥大学数学学位考试一等及格者。

毕业回到美国之后，他未能如愿进入军界，只得进入律师界。这时，特恩才发现自己一无所有。因为自己从没有接触过法律，但他觉得，只要狠下心去学，自己一定能成功。

他进了州法学协会，拿出以往学习的劲头，刻苦地钻研法律。他在给他父亲的信中写道："每一个人都对我说：'你一定会成功——以你这非凡的毅力。'尽管我不明白将来会是什么样子，但有一点我敢相信：只要我用心去干一件事，我是决不会失败的。"

28岁那年，他被招聘进入律师界，但生活的道路要靠自己去开辟。这时的他经济十分拮据，主要靠朋友们的捐赠过日子。他潜心研究和等待了多年，但还是没有生意。日子一天比一天难熬，他不得不在各方面省吃俭用，不要说娱乐，就是连最必需的衣服、食物他都已紧缩到不能再紧缩的地步。他写信给家里，承认他自己也不知道他能再坚持多久，他自己都怀疑能否等到开业的机会。

3年时间一晃而过，他苦苦等待仍然没有结果。"律师这碗饭不是那么好吃的"，他写信告诉自己的朋友们，他再也不能成为别人的负担了。他想放弃这里的一切回到剑桥去，在那里他相信自己能找到谋生的办法。家人和朋友给他寄来了一小笔汇款，鼓励他不要灰心。特恩又挺了一段日子，生意终于慢慢来了。他在办一些小案子时表现很好，很守信用，于是他的工作渐渐有了起色。人们开始把一些大宗案子交给他办。

特恩是一个从不放过任何机会的人，当然，他也从不放过任何一个提高自己的机会。他数年的孜孜追求终于迎来了丰收的一天。几年之后，他不仅不需要家里的帮助，而且还可以一些旧债。乌云终于散去，好运光临头顶。特恩终于成了一位声名显赫的律师，多年后，他被哈佛大学聘为终身教授。

因此，哈佛大学的老师常常告诫学生们，不要急于表现自己不完善的能力，不要苦于找不到赏识自己的伯乐。如果你想让自己有一个灿烂的明天，那你就应该在工作中、学习中学会观察，学会磨炼，只有在这些考验中，你的能力才能得到提高，你的水平才能得到发挥。

不仅仅是哈佛人，所有人都应该意识到，如果已经对自己的业务有了一个全面的了解，已经对它的运作有了十足的把握，那自己离成功的日子也就不远了。在自己还不成熟的时候，在感到自己的知识还比较欠缺的时候，不妨把抱怨先收起来，努力积蓄自己的能量，等到机会到来的时候，就能让自己在发挥才能的过程中闪出耀眼的光彩。

意志软弱的人，人生就会一团糟

一个人的意志力如何，也会在很大程度上影响他的生活状态。那么，意志力究竟会对一个人生活的哪些方面产生影响呢？哈佛大学心理学家为了研究这个问题的答案，在世界范围内进行了一项规模宏大的调查研究活动。接下来我们就从这项调查中来寻找答案。

2010 年，哈佛大学一项国际研究的结果展现了个体意志力跟生活的高度相关性。该项研究在美国进行，实验的被试者是美国的 1000 名儿童。实验者在这 1000 名儿童刚出生时就开始追踪调查，测查他们的意志力。

测查被试者的意志力时，为了获得真实可靠的数据，实验者综合自己的观察、孩子的父母、教师的报告以及孩子自己的报告来评定孩子的意志力水平。并且，实验者每隔一段时间就会测量被试者的意志力水平，并考察被试者在其他方面的表现。比如，被试者的健康状况、抑郁水平、是否酗酒、经济状况、家庭状况等。

这项调查直至被试者们 32 岁的时候才停止。这个时候，实验者手里已经掌握了一组非常庞大的数据，实验者通过对这些数据进行分析对比发现：意志力差的被试者，生活相对糟糕。

比如，在健康水平上，意志力弱的被试者身体比较糟糕，容易患肥胖症、传染性疾病，他们的牙齿也容易出现问题。实验者猜测，这是因为意志力差的人不愿坚持健康饮食，也不愿意坚持刷牙、保持口腔卫生。

在酗酒等问题上，意志力弱的被试者较易出现酗酒、吸毒等问题。

在经济状况上，意志力弱的被试者经济状况较差，工资较低，存款较少，而有自己的房子和养老金的比率也相对较低。

实验者对被试者们的家庭状况进行调查时发现，相对于意志力强的被试者来说，意志力弱的被试者较难维持一段长期的婚姻关系，所以较易成为单亲父母。因此，意志力弱的被试者的家庭状况也相对较差。

更重要的是，意志力弱的人犯罪率较高。数据显示，意志力最弱的那一组和最强的那一组被试者在32岁之前犯过罪的比率分别是40%和12%。

当分析被试者们抑郁状况数据的时候，实验者发现：被试者们是否抑郁以及抑郁的程度，和其意志力水平没有关系。

从这项调查分析中，研究人员得出了以下结论：一个人的自制力与其生活高度相关，会在其生活的各个方面产生影响；自制力差的人，其生活相对糟糕一些。

从哈佛大学调查结果中可以很明显地看出一个人的意志力会对他的生活产生多大的影响。所以，哈佛大学特别强调学生要努力提高自己的意志力。

其实，你只要仔细思考一下，就会发现，自制力会体现在生活的各个方面。比如，在早上起床的时候，你有可能非常想继续睡下去，但你的意志力会让你选择准时起床，而不是继续睡下去；吃早饭的时候，你有可能在为吃什么而纠结，你有很多很多想吃的，但是你的体重不允许你吃那么多，于是意志力会让你选择只吃三明治，而不是把想吃的都买上一份；到了工作的时候，你有可能不想工作，想要玩玩游戏、上上网，但你还有无趣的工作要完成，于是你的意志力会让你选择坚持工作；而到了晚上该睡觉的时候，你有可能还想看电视，你的意志力这时又会让你选择准时睡觉，而不是继续看电视。

这些日常的大小选择都会涉及你的意志力，假如你的意志力不够强大，就很容易服从于自己的各种欲望。这些屈服于欲望的选择让你的生活和工作变得一团糟：体重增加，工作任务无法按时完成，睡眠不足……

所以，无论是从实验结果，还是从生活事实来看，我们都可以发现：一个人的意志力会对他生活的各个方面产生影响，假如一个人的意志力很差，那么他的生活将会很糟糕。所以，如果你想要一种健康、规律的生活，那就要加强自己的意志力，加强对自身的控制。

讲究宿命，只是弱者的借口

生活中，常听到有一些人在悲叹自己的命不好，或者将自己的失败归罪于"名字没起好"、"出生年头不吉利"等荒谬的说法。乍看，他们仿佛只是信奉消极的"宿命论"，其实，这些不过是意志脆弱的人一种逃避的借口。

在《风雨哈佛路》中，莉齐·梅丽通过人生不懈的努力奋斗和奋力抗争，最后终于走上了人生的巅峰，也以此证明了所谓的贫困、霉运原本都不是命里注定的。所谓的人的命数是能够改变的，只要能够坚持、努力，总有一天会摆脱这些不好的宿命的纠缠，成功晋级到成功人士之列。

有一位武士，他在成名之前总是遭遇失败，比武经常被打得落花流水，做生意又赔得血本无归，因为他的潜意识中一直隐藏着一片无法除去的阴影——手相说明他不但事业无成，穷困潦倒一生，而且短命。他就一直背着这个沉重的咒语，凄凄惨惨地生活了很久，他不知道自己的生命还会不会有起色，但是他仍然抱着一丝希望。每当遭受挫折的时候，他就会长久地看着自己的手相。他怀疑命运之神真的在他掌心的纹路中写下了诠释了自己一生的密码。他有些困惑。

一天,他突发奇想,就算这是他生命的全部解释,那么如果密码发生改变,他的命运也应当会改变。于是,他便用匕首将手掌心的纹路统统做了一番改变。做过改变的手相显示着,他不但可以"赚大钱,成大事,甚至还可以称王"。

他的心灯被点亮了,那个决定命运的阴影再也控制不了他。尽管他的生活中还是像过去一样有很多挫折,但他并没有屈服,终于在坚持、努力之下,开始收获成功,最后成就了一番引以为傲的事业。

当你遭受了挫折时,不去努力改变它,而是把这一切全部归罪于命运,这样做是对自己的不负责。武士的成功真的该归于掌纹的改变吗?他没有看到,割了掌纹——这个命运的载体之后,自己依然会遭遇到失败,所不同的是,他有了追求成功的勇气和信心。他忍受着疼痛在崭新的掌纹里找到了信心,却不知,他在自己的心里就可以找到信心,获得成功。

人不但要自己从这种宿命论的心理阴影中摆脱出来,而且要防止外界环境对自己的影响。

"众口铄金,积毁销骨"的事实是存在的,因为环境的力量是不可小觑的。而保持自己积极向上的信心才能够防止人言带来的挫败感。

然而,的确有那么一些人,长久以来郁郁不得志,因为没有成事,而变得消极颓废,他们在对自己否定的同时,也不愿看到别人成功,于是便使尽力气对别人百般嘲讽,故意用消极的语言打击别人的自信。想想看,如果你相信了这样的人的鬼话,然后吹熄了自己的心灯,最后以失败告终,那该是一件多么不堪的事。

一个人要想成功,首先要有坚定的意志。他们能够从反对和怀疑中找到信心和力量,并且不肯屈从于所谓命运的安排。

很多人在面临困难时,都将度过困境的希望寄于别人,这是非常消极的一种做法。要知道,曾经的失败并不意味着永远的失败,曾经达不到的目标并不意味着永远达不到,人只有放弃手中的拐杖,才能大步迈向人生的目标。

在哈佛大学举行的一年一度的电单车竞赛中,有2名不同信仰的青年来参加比赛。第一名青年相信宿命论。他曾经在一次比赛中滑倒了,后来尽管很努力却依然失败了。此后,只要在比赛中滑倒,他就会自动弃权,他认为这是无法改变的命运,并总是把竞赛的成败寄托于冥冥之中的"命运"。

第二名青年是首次参加比赛,他的目的就是获得冠军,以赢取10万美元的奖金,然后用这笔钱给身患重病的母亲治病。他的信仰就是自己,在无数次的练习摔倒后,他都鼓励自己:我一定能够成功的,这场比赛的胜利掌握在我自己的手中。

比赛正式开始了。第一名青年不一会儿就因为路滑而摔倒了,信奉命运的他便不再继续,因为他认为,这是命运给他的信号,即使再努力,也改变不了失败的命运。第二名青年也跌倒了,但是他又赶快爬起来,忍着剧痛冲刺,他相信通过自己的努力可以获得成功,由于他坚信成败掌握在自己的手里,他最终获得成功。

生活中,很多人的遭遇与这两名青年极为相似,只会消极地相信宿命,或者依赖他人,将自己的成败寄托"命运"的身上,以至于屡屡失败。在这些人的成长过程中,因遭受了外界的批评、打击,奋发向上的热情被自我设限压制封杀,从而导致对失败惶恐不安,甚至习以为常,丧失了信心和勇气。在他们的人生中没有自强自立,只有无数掩盖自己懦弱的借口。

哈佛人都懂得,除了自己,没有什么是能够永久依赖的,命运要靠自己把握,倒下去必须重新爬起来才能够寻求自立,大步向前。无论对待爱情还是事业,只有把命运紧紧地抓在自己手中才是最可靠的。

不管有多难，有希望就有力量

《哈佛幸福心理学》中曾经这样讲到，其实，幸福和悲哀仅有一墙之隔。所以心存希望是一个高情商的人必不可少的一种品质，拥有了这种品质的人，往往手上会更有力量去打造成功，因为心中充满希望，就能以坦然的心情看待挫折和打击，就能在困难中看到光明，在逆境中找到出路。即便是在黑暗中也能发挥自己的特长，激励自己的热情，开掘自己的潜能。成功的人往往在顺境中心存感恩，在逆境中心存希望！无论你是否看得清未来，无论你的前途是否仍处于暗淡之中，只要希望之火不灭，就一定会凭着它找到出口。

毕业于哈佛大学的美国总统奥巴马是个情商很高的人，他在2004年的美国民主党代表大会上发表了名为"无畏的希望"的演讲。而就是这次演讲，使他在人们心中留下了深刻的印象，并为他今后当选总统铺平了道路。在这次演讲上，奥巴马深情地回忆了一幅画，他说，就是这幅画使他的生活发生改变，使他立志去竞选美国总统，去改变美国，改变自己的人生。

一幅画帮助奥巴马立下决心去竞选美国总统？这到底是怎样的一幅画呢？

原来，这幅曾深深打动奥巴马的画是由英爵画家乔治·弗雷德克·瓦兹创作的。画面上有一个象征着世界的地球，一个年轻女子就坐在上面，她低垂着头，眼睛被蒙上绷带，身体向前倾着，手里弹拨的古希腊七弦琴只剩下一根弦，但是女子依然俯首倾听这根弦发出的微弱乐曲音。这幅画的含义就是，人类直到最后也不能丧失希望。

奥巴马对这幅画深刻地解读道:"这名女子虽然身上有许多伤痕和血迹,穿着破烂不堪,她的七弦琴也只剩下一根弦,但是她仍旧没有丧失希望;虽然世界被战争撕裂;虽然世界被仇恨摧残;虽然世界被猜疑踩躏;虽然世界被疾病惩罚;虽然这个世界上充满了饥饿和贪婪;虽然她的七弦琴被毁得只剩下一根琴弦,但这名女子仍有无畏的希望,在她那仅存的一根琴弦上,弹奏音乐,对世界发出由衷的赞美。"

这幅充满希望的画成了奥巴马人生的转折点,对他的人生产生了巨大的影响。他坚信,只要心中有希望,就会有改变世界的力量。

许多身处黑暗的人,虽然磕磕碰碰,历经各种磨难,但最终走向了成功;而另一些人往往被眼前的光明迷失了前进的方向,所以终身与成功无缘。每个人都会经历人生的黑暗期,这些黑暗就是挫折和困难,就是人生中的逆境,它打击我们的自信,让我们看不清前方的路,但是只要希望不灭,我们就会信念永存,我们就有力量战胜一切。

逆境会磨砺人的意志,练就人的谨慎细心,也激发了人对成功的无限渴望。所以,逆境就像黑暗,虽然每个人都不喜欢,但它却是一笔财富,逆境中的人比一帆风顺的人更容易迈向成功,更容易听到成功的呼唤,因为就像黑暗中的人更容易感受光线的指引一样,逆境中的人会由于心中的希望而更加充满力量。

在一次战斗中,拿破仑的形势非常危险:没有援军,人员又少。许多人都以为这次必败无疑,但拿破仑没有放弃打胜仗的希望,他的雄心在困境中越发地被激起。

当他准备带领士兵们冲锋的时候,一不小心掉入泥潭中,被弄得满身泥巴,狼狈不堪。可此时的拿破仑浑然不顾,内心只有一个信念,那就是无论如何也要打赢这场战斗,只听他大吼一声"冲啊!"他手下的士兵被拿破仑坚强的意志所鼓舞。一时间,战士们群情激昂、奋勇当先,最终取得了战斗的最后胜利。

在哈佛大学的图书馆,就挂着"拿破仑身陷泥潭,喊着'冲啊'"的油画,其中的含义不言而喻。

人一生会遇到很多逆境,当逆境出现,我们反而更加不能丧失希望,而是要鼓励自己坚持走下去,因为逆境是赋予我们发挥自我价值的大好机会,黑暗中我们更能爆发潜力,冲破重围。可以说,只要我们心存希望,每遭受一次挫折,对生活的认识会更全面一点;每失败一次,对成功的醒悟会提高一阶;每不幸一次,对快乐的内涵会深刻一层。所以,身处黑暗的逆境,我们更能找到自己的价值,发掘自己的潜能。

当困惑时,当身处逆境时,要不停地跟自己说,只要心中有希望,就一定能摆脱现状!在恶劣的情形中,只要专注于寻找出路,并相信自己肯定能逃出这个困局,就会摸索到机会,把危机化为转机。如果被黑暗蒙蔽了双眼,失去了信念,放弃了自己的希望,那就永远逃不出黑暗的魔爪。

第05辑
学不到哈佛的专业课，可以学到它的入职课

1971—1991年，博克担任校长，他精心处理了高等教育中的一些主要问题，包括行政管理、少数民族和妇女受教育的机会以及学术界与工业界之间的技术转换等问题，博克校长还重新组织了哈佛大学的管理机构，把现代化的管理方法和程序引进到哈佛大学的各个研究生院和各个系科。他在一次开学典礼上这样说："不管你在哈佛学什么专业，有多么优秀，最终还是要走向社会，服务社会。我要提醒各位的是，提高职业素养和你的专业课一样重要。"

职场新人，一定要了解的职业心理

对刚走出校园的哈佛学生来讲，求职是一件让人费脑筋的事情，因为绝大多数学生对于自己究竟要找什么样的工作还不能由自己决定。哈佛学生往往会相信一点，那就是哈佛的名声足够引起企业人力资源的经理们对他们的注意，但有时候却事与愿违，他们投递的简历大多都石沉大海。

而对于经验稍微丰富一点的哈佛毕业生来说，他们可能最初就没有找到满意的职位，之后便开始了"骑马找马"的寻职过程，一边做着目前的工作，一边不断地重新投递简历，一边接受面试。这似乎是个好主意，但是如此三心二意，不仅本职工作做不好，而且求职也屡战屡败。

在对学生毕业就业的统计中，哈佛发现这两种现象非常典型，而且随着就业形势的恶化，这个问题越来越突出。

针对这种现象，哈佛大学就业指导中心指出，求职都要经历一个复杂的心理变化过程。特别是在严峻的就业形势下，面对众多的竞争对手，要想找到自己满意的工作，就必须做好充足的心理准备，同时还要保持良好的竞技状态。哈佛大学就业指导中心列举了这样一个案例：

乔亚斯是哈佛的毕业生，进入设计公司是她择业的首选。但是她在毕业后却决定只身一人到中国北京去发展。因为那是一个充满朝气的城市，她从相关资料中了解到，北京对设计人才的需求量非常大，她对此充满了信心。

确定好了自己的就业方向，她就开始上网搜集设计公司的资料，了解那些公司的资质、规模、为员工提供的发展培训、薪金等情况。确定好几家公司后，经过一番仔细地权衡与比较，她最终确定了一家公司，并郑重地把自己的简历邮寄了过去。经过初试、复试与实习之后，她终于被这家公司高薪录用了。公司考虑到她是独自到中国发展的外国员工，条件又很出众，破例为她在单位附近安排了宿舍。她觉得自己很幸运，因为身边的朋友和同学大都没有自己的魄力和勇气，很多人还在浩浩荡荡的求职大军中苦苦寻觅着适合自己的工作。

通过这个故事，我们可以看到，乔亚斯的求职目标是非常明确的，而且她的心态非常好，自信而有条不紊地处理着求职的全过程。

所以哈佛劝告毕业生，在具体的求职过程中，每个人都应摒弃不良的心理，从自我需求出发，分析自己的能力和专长，确定自己适合做什么职业。选对自己的职业后，不管面试、实习，还是在今后的工作中，都应保持平和的心态，虚心好学，多掌握实际操作本领，如此才能摒弃利益心理，使自己找到真正需要的东西。

那么，如何调适出这种心理呢？一般来说，学生必须做到以下两点：

首先，放弃大学生的"贵族感"。把过高的求职期望降到与自己能力相符的水平，要明白，自己在求职场上就是一名没有经验的新兵，是"人才"的"半成品"。所以，在求职前，应该对自己有一个准确的认识。在具体选择去哪家公司的时候，应考虑自己的性格特征。如果自己不属于风风火火、敢闯敢拼的类型，可能不是一个好的组织者、策划者，但会是一个好的助手。

其次，不要坐等机会，要主动出击。有些人在求职的过程中总喜欢等待机会的降临，或者想一进公司就做高层。如果你一直在"这份工作究竟能带给我什么样的前途"这个问题上纠缠，那就太浪费时间了。要知道，走进职场后3～5年主要是积累期，是离开校园后进入社会大学的再学习期。最初的一份或几份职业，不过是在选择职业发展的方向，有机会进入大城市、跨国企业固然值得庆幸，而到中小城市、中小企业工作也未尝不是一种发展途径。避开人才竞争最激烈的地方，做"鸡头"也许比做"凤尾"更容易显露头角、脱颖而出。

对刚迈进职场大门的新人来说，在激烈的角逐中步履蹒跚地摔上几跤在所难免。重要的是自己不要过分看重一时的成败，而要积极应对，尽管做了充足的准备，或许还是会遭遇最惨烈的失败，但是这些也没有什么，所有失败都能为自己积累宝贵的经验。

哈佛毕业，绝不是获得高薪的理由

不可否认，像哈佛这样的大学在全世界也是屈指可数的，哈佛大学毕业的学生总会受到全世界的青睐。"我是哈佛毕业的！"很多人会自豪地这样告诉招聘者。当然，有时候，当一个哈佛毕业的人对自己的待遇不满的时候，他也会告诉雇佣他的人："我是哈佛毕业的！"其潜台词显而易见：一是哈佛毕业的，待遇不能少；二是哈佛毕业好找工作。

哈佛就业指导中心的人为此曾警告即将毕业的哈佛学生："你们不能将哈佛的名声作为获得高薪的理由！"其实不仅是来自哈佛大学，一个人不论来自哪里，这只是基本薪水的一个参照，但绝不能将其作为获得高薪的理由，这样做是非常愚蠢的。

薪水，不只是钱的问题，你对待它的态度，你谈判的话术，将反映出你的职业素养。谈薪水，不只是一个"卖身"的讨价还价过程，也是高层对你加深了解的一个过程。遗憾的是，大多数人都迟于认识到这一点。

某公司欲在尚未毕业的哈佛大学生中招聘一位职员，有两个应征者初选过关。总经理要求两个人各写一个求职意向，并且注明希望待遇。

甲写道："哈佛毕业，月薪一般都在5万美元以上。月薪能否提高些，即使是哈佛毕业，也一样要能填饱肚子。吃不饱，有何力气工作？"

乙写道："虽然我就读于这所世界顶尖的大学，但我对薪水多寡不太看重，但要给我锻炼的机会，如能有让我锻炼的机会，薪水多少我没有特别的要求。但经理，月薪的多寡可以反映出公司对我的信任程度和重视程度，我很想知道我的月薪能有多少。"

总经理审阅后选定了乙。

有人不解，问他为什么不选其他人，他说："一个人的薪水观可以反映出他的职业素质和修养。甲对薪水看得太重，他凭哈佛毕业这点就要求每月薪水5万美元以上。这种员工只会为薪水工作。乙机智灵活，既要求高薪却也懂得委婉，让人觉得值得信赖。"

这位总经理仅从个人要求薪水这一微小却又敏感的小事上，就看出应聘者的心理特征和个人特质。所以，一个人的薪水观直接影响到人们的看法。

谁不想获得高薪呢？但获得高薪恐怕只有一个途径，那就是对公司表现出心诚、对工作尽职尽责，在工作上证明自己的能力。

还有人自持毕业名校，抱着"待价而沽"的原则不放，一定要自己的薪水和自己的"出身"相符。原则上说的确应该如此，但实际却不像原则那样简单，和自己的"出身"相符的情况非常少。因为个人薪水多寡与很多因素有关，如个人的能力和贡献、公司业绩状况与上司的看法、社会的物价水准等。这其中占主导地位的是个人的能力和贡献，一般来说，贡献越大，加薪和升职的机会也会比其他同事大，但是，假如你是新进人员，而且表现并不出色，却想拿比别人高的薪水当然是不可能的。如果你想拿到月薪10万元，那必须"物有所值"，上司不可能白给你薪水。事实上，高薪收入往往是从低薪开始，如今月薪十几万的经理，过去也是从每个月只有一两万元的小职员做起。

所以，对于一个刚毕业的大学生来说，不论是来自哪所名校，都不是你要求高薪的理由。因为你能不能为雇佣自己的公司创造应有的价值还是个未知数。从某种意义上讲，大学赋予人的是某种能力，只有将这种能力转化为社会效益，你才是真正的人才，否则，任何人都没有理由要求你的雇佣者为你的高薪买单。

讲"印象"的哈佛：请留下良好的第一印象

20世纪90年代初，埃利丝正在哈佛大学攻读硕士学位，还有不到一年时间就毕业了。随着毕业期限的临近，埃利丝的就业压力越来越大，因为当时正逢经济萧条时期，很难找到一份好工作。

就业指导老师艾尔曼告诉她，找工作时，人力资源的经理会根据第一次见面时的服饰、发型、手势、声调、语言等自我表达方式审视、评判你，因此来决定你在他心里的位置。所以她告诉埃利丝一定要让自己保持良好的形象，特别是给人的第一印象。

于是，埃利丝开始特别注重个人形象。每次在出门前，她总是按照场合的不同对自己进行精心装扮，特别是和人第一次接触，她非常注重给人留下良好的第一印象。

在一次专业学术会议中，埃利丝保持着一贯的装扮典雅。在会议上，她举止大方，脸上时时不失微笑。在和别人交流的时候，她努力采用高度职业化的自我展示能力。埃利丝的表现给一位华尔街的老板留下了深刻的印象，这位政治家出身、实力强大的老总回去后，随即让人事部门接触埃利丝，问她能不能在毕业后到他旗下公司工作。当然，他会给埃利丝不错的薪资待遇和广阔的升职空间。

对于这样的好事，埃利丝当然乐于接受。就这样，还没有毕业的埃利丝就被一家大公司给"预定"了。

埃利丝运用自己留下良好"第一印象"的金钥匙，打开了她事业的大门。心理学家研究发现，人们的第一印象形成是非常短暂的，往往只有几秒或几十秒的时间，可就在一眨眼的工夫，人们就已经对你"盖棺定论"了。所以，哈佛从不否定"印象"作用。的确，人们认识事物是一个由表及里、由浅入深的过程，在人们对你的一切都不了解的时候，绝大部分人都会根据个人的第一感觉做事，而你留给对方的第一印象是好是坏，是决定着产生什么样感觉的关键。

哈佛的另一个毕业生玛丽运气不太好，她在一家银行工作，尽管她能力很强，但并不能在银行享受相应的薪资待遇。这也让她的上司感到遗憾，他说："我和人事部在招聘她的时候，她看起来像个再普通不过的女人，但进公司后，她的专业能力是超乎我们想象的。可是由于进来时公司给她的位置太低了，我们只能在那个基础上为她加薪。"

原来，在面试的时候，玛丽没有注意到第一印象的重要性，还保持一贯朴素的装扮；因为准备不充分，自我展示的能力也很平凡。面试官根据这些给她在银行安排了一个职位。因为在面试时玛丽的能力被低估和忽视，尽管她出色的计算机能力使她被公司雇用，但玛丽留下的那个普通、平凡的第一印象，却成为日后事业发展的障碍。

哈佛劝告即将走出校门的毕业生：能力再强也是看不见的，所以，"第一印象"起决定作用。也就是说，能不能赢得招聘单位的青睐，应聘者的精神面貌与衣着打扮占70%。

虽然哈佛的这一估计是否准确还可以商榷，但至少可以肯定，给人留下良好第一印象的人，不一定能赢得用人单位的青睐，但如果不能给人留下良好的第一印象，一定不能赢得用人单位的青睐；赢得用人单位的青睐，一定是给人留下了良好的第一印象。

应聘过程，往往只有几十分钟，甚至是几分钟，应聘者凭什么打动招聘方，关键是要摸清招聘者是怎么想的。最常见的成功招聘心理过程是：第一步，来者看着舒服；第二步，和他交流起来也舒服；第三步，初步的能力判断；第四步，接纳他。值得一提的是，第三步是建立在第一步和第二步的基础上的。所以，给招聘者留下良好的第一印象，你就会成功晋级。

所以初入职场，哈佛要求应聘时一定要重视事前的积极准备、见面过程中的优雅谈吐、举手投足间的礼仪规范等,这样才能给人留下良好的第一印象,以便顺利进入自己喜欢的平台。

那么,初入职场,怎样才能给人留下良好的第一印象呢?哈佛大学就业指导中心的意见是,第一印象主要是依靠性别、年龄、姿势、谈吐、表情、衣着等外在特征,来判断一个人的内在素养和个性特征。所以,在应聘过程中,要注重仪容仪表,以及着装打扮的得体,其次,要注重举手投足的恰当得体和言词优雅。虽然第一印象在应聘中只是瞬间,但却能起着微妙且至关重要的作用,让你准确地把握住每次机会。

哈佛告诉你:一定要改的工作习惯有哪些

哈佛在学生毕业之前,都会对其进行一定的就业培训,以此让学生快速适应自己的工作岗位。哈佛大学还会给每个学生印发《就业指南》的小册子,小册子上就有这样一句话:"哈佛只会培养你的专业能力。哈佛的社会实践课还不能让你理解工作的全部含义,至于工作的经验,需要你去实践中获得。"

的确,如何去工作,如何将自己的专业水平发挥出来,这需要在长时间的实践中磨练。《就业指南》中还列举了工作中一定要改掉的工作习惯。

"下面4种工作上的坏习惯,如果你能够加以克服,不仅会使你的工作变得生动有趣,还可以提高你的工作效率。"《就业指南》中这样写道。那么,就让我们看看在哈佛看来,那些才是一个人一定要改的工作习惯。

"第一种工作上的坏习惯:公办桌杂乱无章,严重影响解决问题的效率。

你的办公桌上是个什么样的情景?是不是杂乱无章地堆满了各种信件、报告和备忘录?当你看到自己乱糟糟的桌子时,你是不是会紧张地在想:我还有什么工作没有完成,怎么看起来我有这么多没有完成的工作！你是不是会因此而感到焦虑，觉得工作如此繁重，从而对工作产生了厌倦？"

哈佛大学的这种观点是正确的。著名的心理治疗家威廉·桑德尔博士就遇到过这样的病人。

这个病人是芝加哥一家公司的高级主管。他刚到桑德尔博士的诊所时，看上去满脸的焦虑。他告诉桑德尔博士他有太多的工作要做，压力很重，但是他又不能辞职。桑德尔询问了他一些细节，然后指着自己的办公桌对他说："看看我的桌子吧，你能发现什么？"

这位主管看了一下，回答道："比起我的办公桌，你的简直太干净了。"桑德尔博士笑道："是呀，我总是第一时间处理完我的工作，这样我的桌子上就不会留有积累不做的工作了。你可以试试我的方法。"

那位主管半信半疑。过了两个月后，桑德尔接到了那位主管的电话。在电话里，那位主管十分兴奋，他对桑德尔说："你的办法真的很神奇，我现在一点压力都没有了。以前，我看到自己堆满文件的桌子就头痛，现在，我的桌子也和你的一样干净了。"

桑德尔博士就是用打扫办公桌的方法治愈了这个高级主管的焦虑症。

著名诗人波布曾写过这样的话："秩序，乃是天国的第一条法则。"芝加哥西北铁路公司的董事长罗南·威廉士说："我把处理桌子上堆积如山的文件称为料理家务。如果你能把办公桌收拾得井井有条，你将会发现工作其实很简单。而这也是提高工作效率的第一步。"

所以，我们要看看自己的办公桌，如果文件堆积如山，那就开始清理吧。

"第二种工作上的坏习惯：工作中分不清事情的轻重缓急。

"著名企业家亨瑞·杜哈提说，如果一个人同时具备了他心中的两种才能的话，不论开出多少薪水，他都愿意。这两种能力是：第一，善于思考；第二，能够分清事情的轻重缓急，并据此做好工作计划和安排。所以，我们应该学会为自己的工作排序。"

为自己的工作排序，查尔斯·鲁克曼做到了这点。在12年之内，他从一个默默无闻的人，一跃成为培素登公司的董事长。他说这都归功于他具有的两种能力。第一，善于思考；第二，能按事情的重要程度安排做事的先后顺序。查尔斯·鲁克曼说："我每天都会在早晨5点钟起床，因为此刻正是思维活跃、清晰的时候。在这个时候，我可以就我近期的工作进行一些规划，排出事情的重要程度，以便安排自己的工作。"

"第三种工作上的坏习惯：不能果断处理问题，导致问题总是处于悬而未决的状态。

"你的决断里不仅体现了你的能力，更能让你保证工作效率……"

有这样一个例子：霍华德在担任美国钢铁公司董事期间，董事们总要开很长时间的会议。因为，会议期间要讨论很多议题，但是大部分议题却无法达成共识。其结果是，工作效率无法提高，而董事们的工作量却十分繁重，每位董事都要抱上一大堆报表回家继续工作。

针对这种毫无效率的工作方式，霍华德先生向董事会提出了自己的建议：每次开会只讨论一个问题，而且必须做出最后的定论。霍华德说，虽然这个做法也有其弊端，但是总比悬而未决、一直拖延来得要好。最终，董事会采纳了他的建议。霍华德先生说，很快，这种方式就体现出了自己的优势。我们很快就把那些积累了很长时间的问题解决了，董事们干起活来也觉得轻松了许多，不必再把家庭作为自己的第二工作场所了。

不得不说，这确实是一个提高工作效率的好方法，值得你我借鉴。

"第四种工作上的坏习惯：喜欢大包大揽，不相信自己的部下或者同事。

"很多人都有这种工作习惯，那就是事必躬亲。结果，他们总是被那些琐碎的事情纠缠得筋疲力尽，无法享受自己辛苦打拼来的幸福生活。"

这种现象不仅仅出现在商人之中，在很多领域都普遍存在。人们总是不放心其他人，担心其他人会把事情搞砸。于是，他们不得不不厌其繁地处理那些工作中出现的细微事情。喜欢大包大揽的人，他们将始终处于一种紧张的、焦虑的生活之中。

然而，要试着相信他人，将自己手中的工作分一部分交给他人来完成，对于一个责任感太重的人来说也是不容易的。如果一个人没有能力承担交给他的工作，那么必将会影响到自己的相关工作，进而损害自己的声誉。可是，如果我们要摆脱终日紧张的工作状态，就必须要学会分权，学会量才而用。将那些无关大局的琐碎工作交给他人，你不仅会提高自己的工作效率，还会真正体会到工作的乐趣。试一试吧！

哈佛列出了在工作中容易养成的4个坏习惯。我们一定要检查一下自己在工作中是否正在犯上述的错误，如果有，请马上改正，这样，才能真正把工作做好。

时间就是金钱，做一个"准时"的员工

一位哈佛大学的学者曾经说过，构成伟人的两个要素，就是才能和准时，而前者往往又是后者的必然产物。因为凡是珍惜时间、不肯让一分一秒从自己的指缝中流走的人，最后一定能在他的生命中打上"能力"的标记。

一个做事不准时、没有时间观念的人，肯定会出现上班迟到、乘火车过点儿、约会迟到……一系列的必然现象，别人因此也不会再信任这种人。如果每次老板来到办公室，其余的同事都在那里正常办公，而你的办公桌前却是空空如也，他会怎么样评价你这位员工呢？对！可能你会有很多理由：城市拥挤、堵车等等，但迟到却是一个事实，是最有力的证明，证明你这个人办事效率低、没有时间观念。如果你真是这样的一个人，那可要特别小心了，因为谁也不会给一个懒散、没有时间观念和工作效率的

人很高薪水的。

从哈佛毕业的人也有平庸者，哈佛曾经对这样一群人进行了研究，发现这些人有个共同的特点：经常性地迟到、早退或不能按时完成工作，而他们通常也是上司斥责甚至遭到解聘的对象。这些人当中不乏才华横溢、能力突出的，可他们却屡因时间观念淡薄而遭受挫折。

所以，在哈佛《就业指南》中强调："成功做事的秘诀之一就是要养成准时的习惯。如果你不懂得准时，信用必定会一落千丈。请按照时间的约束来管理我们的行动，那就能把效率发挥到极致，带来个人价值的突破。"

卡萨琳哈佛毕业后已经在同一家公司工作3年了，大家都知道她有一个不好的习惯，那就是经常踏着公司的时钟进办公室，还经常因为路上的一些小事而耽误了正常报到时间，被同事们亲昵地称为"边缘哈佛高材生"，当然谁都清楚这并不是一个很好的昵称，意思摆明了是说她经常踏在迟到的边缘。

几年的工作，她已经习惯了这样的生活，公司主管和她关系好也放纵了她这种习惯。

不知道什么原因，原来公司的主管主动辞职了。新来的主管刚一上任，似乎就对卡萨琳的迟到行为注意上了，这下卡萨琳这位"边缘美女"的日子就不好过了。

主管在开会的时候，颁布了上台以来的几条新制度：迟到十分钟扣除半日工资，迟到办小时全天无工资，迟到半天取消礼拜休假……

一下子卡萨琳就吃不消了，接连被扣掉了几天的工资。她再也气不过了，以一名老员工的身份去找这个新来的主管交涉。

主管丝毫没给她留任何面子，上来就质问她："你认为迟到很正常是吧？那么你迟到了再进办公室的时候会不会影响到其他同事办公？你进了办公室里能够马上投入到工作当中去吗？你说迟到到底重要不重要？能不能影响公司的整体效益？"

面对主管毫无缺陷的质问，卡萨琳没能说出什么来。毕竟是她错了，主管这样的整顿可能不是针对她的。也许仅仅是为公司考虑，是要提高公司员工的办公效率而已，但卡萨琳的行为无疑就是这次整顿中最大的那根"刺"。不想被"拔掉"就要认真遵守时间，提高自己的办公效率。

对于每件事、每次约会都迟到的人来说，无形中削减了他们的有效时间。拿破仑曾经说过：他之所以能战胜奥地利人是由于奥地利人不知道五分钟的价值。但是实际上，每失去一分钟，就会多给自己一个遭遇不幸的机会。

范德比尔特是一家装修公司的业务代表，经过他的努力，哈佛大学的后勤部终于答应同他面谈学校装修的项目。后勤部的凯萨主任和范德比尔特约定，见面的时间是第二天上午十点半，范德比尔特在第二天上午去哈佛时由于堵车迟到了半个小时。当他到达面谈地点时，凯萨却没在。范德尔比特打电话再次预约面谈的时间时，凯萨却一口回绝了他："没有这个必要了，你已经失去了那笔业务。因为在你迟到的半个小时里，我们已经把项目交给了别人，你不守时，我们不敢相信你兑现诺言的能力。"

这就是哈佛的风格，看起来好像有点不近人情，但却说明了这样一个真理：做事不守时哪怕是错失一两分钟的时间，也会让你功败垂成、一无所得。给公司带来的损失不仅是资金方面的，更重要的是信誉方面的。

劳伦斯说："成功做事的秘诀，首要一点就是要养成准时的习惯，可是一般人的习惯却是一再拖延。"

做一个办事准时的员工，最起码要遵守公司的工作时间。在公司里，就算不能第一个到办公室，也不要做最后那个姗姗来迟的人。在星期一的早上，如果你能比其他人都早到一会儿，即使趁别人还没有进办公室的时间，查查自己的电子邮件或是整理一下办公室，都会让自己提前一步进入一周的工作状态。跟周围的同事比起来你会显得精神饱满，绝对会成为当天最让上司眼睛一亮的员工。另外，在每天下班的时候，就算不能最后一个下班，也不要在众人都埋头工作时扬长而去。

别以为老板经常不在办公室，就没有人注意你的出勤情况，实际上你在公司的一举一动，你的每一次迟到、早退，你的不守时让公司损失了什么老板都清清楚楚。因为所有的老板只有了解清了两方面的情况，才能安心睡觉：一是公司的业绩，二是员工的表现。

工作久了，你懂得消除厌职情绪吗

哈佛就业指导中心发现这样一个现象：哈佛的许多毕业生在刚刚踏入职场时，不但干劲十足、激情高涨，而且对自己职业前途的自我期望值也寄予厚望；但半年时间不到，也许就会感觉到自己简直与机器人一样，每天是刚上了班就希望能早点下班，一点也没有原先的激情了。每一次工作中出现的不顺心，或长时间地工作，都会使自己的情绪出现一阵低落。

厌职情绪会严重地影响到我们的工作和生活，我们应该学会消除厌职情绪，找回当初工作时那个激情飞扬的自己。为此，就业指导中心提出了消除厌职情绪的9个建议：

1. 设法挖掘前进动力

长时间在某一环境下工作之后，人们很容易成为技术娴熟的工作骨干，但日复一日地重复相同而琐碎的事务，就有一种被掏空了的感觉，自己无法左右自己的工作。再加上很少得到上级的表扬，或者经常得到不好的评价，这样就很容易会有一种无助感，从而导致厌职情绪。其实出现这种情绪，主要是因为这些人只知道单一工作，而没有明白自己工作的价值。其实只要在工作中树立起使命感，明确自己要实现一定价值的话，就能在个人工作中产生前进的动力。

"说实话，工作这么长时间了，我也不知道自己到底学会了什么，每天领导要求我做什么事情，就会按照他的要求去交差，从来没有想过这个工作是否适合我，我到底在这个单位能有多大前途；只知道为了生存，我必须在这个单位继续干下去；时间长了，我就对这种机械式的工作方式感到厌倦了，每天都提不起精神，工作对我而言，已经成为平淡无味的东西。"一位哈佛毕业的白领如是说。

很显然这个白领在工作中，根本就没有什么动力，只是在被动地工作，这样自然就会产生一种厌职情绪。一旦在工作中树立起使命感，就会主动地为自己出点儿难题，每天都有难题处理，自然就会活得充实，坚持不懈下去，就能发现自己每天都在进步，每天都会感到快乐。

2. 梦想少一点，计划多一点

考虑清楚有关自己理想职业的每一件事——从工作形式到工作环境，然后确定自己所追求职业的标准或目的。具体方法是：可把所追求的理想职业划分成尽可能短的各阶段。如果自己目前只是一个低级员工，就必须寻找一条能帮助自己到达另一职位的晋升之路。可观察一下是否能调到另一部门，或者找机会进修；最低限度，也要找出妨碍自己日后晋升的不利因素。谨记，循序渐进是改变不称心工作的最好方法。

3. 发挥个性，张扬本色

工作步调不断加快，得失之间也变得鲜明无比，情绪的变化常把自己搞得头昏脑晕，稍有心态调整不当，就有可能落入情绪忧郁的恶性循环中。在自己工作情绪不好时，可以通过各种方法来排遣它，跑到室外用自己不满的拳头在受气包上、在墙壁上、在小树上肆意打上几拳的时候，心情肯定会变得好起来。可以把自己的得失与朋友倾诉，特别是在坏情绪降临心头时，可以先做做深呼吸、伸伸懒腰，再去找一位知心朋友随便聊聊天，聊天之后低落情绪就会不知不觉地被迅速消除掉。多想想自己成功或者美好的时光，回忆过去的辉煌以及别人对自己的赞美，可以改善心中的郁闷。听听自己喜欢的音乐，也是放松自己有效的方法，轻松、明快的乐曲总能带自己到快乐老家，不管情绪有多不好，只要听一下自己喜欢的曲子，顿时就能感受到神清气爽。想办法暂时告别工作中的压力，轻松轻松，不仅便于自己发现生活中的乐趣，也能为再次做好工作鼓足干劲。

4. 把自己看做自由人

想象自己是个独立承包者，雇主是位大客户，然后合理分配自己的时间，以达到不仅满足客户所需，而且还有余地从各方面发展自己的事业。例如，你的工作是负责起草各种报告式文件，用词的好坏，上司可能无关紧要；但对于你——一位独立承包人，你应认识到，你的措辞技巧可能会开辟一个全新的销售市场。表面上是取悦上司，实际是把自己推到独立承包人的地位。

5. 工作、娱乐两不误

有些人上岗工作只知道拼命干。一开始在晚上加 1~2 小时班，不久便整星期地加班，最后连周末也成了办公时间。实际上，工作成了霸占他全部光阴的蛮横宾客。这类人除了工作，几乎没有任何社交活动，这样时间长了，不免对自己的工作产生反感。

6. 寻找工作外的成功

把自己的喜好和业余活动当成本职工作一样认真对待，并同样引以为豪。今天，许多人只把来自办公室的成绩看成真正的成功，结果这些人惟有事业上春风得意时才会沾沾自喜，而一旦工作遇到麻烦，就感到羞辱不堪。如果你把自尊也置于你的职业努力之外，工作中受挫时，就容易保持一种积极的态度。

7. 改变对待他人的态度

如果每天早晨一想到上班就害怕，部分原因大概是你与周围同事相处不好。虽然你不喜欢与他们一起工作，但最低限度，也应该和他们积极相处。当你在电梯里对人微笑时，别人也会报以微笑，在办公室也是如此。以礼相待是人的本性。与相互不理不睬的人，一夜之间就建立亲密关系是不现实的，但若真诚地去改善关系，同事迟早会感觉到这一点。假如你对周围的一切都心存厌烦，厌烦工作、上司……你就更要用一种积极方式与人交谈，谈些你喜欢的事，这样至少可能会找到与同事的某些共同点。

8. 努力让环境"新鲜"

陌生的工作环境可以让自己感到好奇、兴奋、新鲜，什么事情都要跃跃欲试，不过逐渐熟悉了工作环境之后，这些心态将渐渐离自己远去，更多的是谨慎、见怪不怪、程序化地完成工作任务。长此以往，工作积极性自然下降。为此，可以想办法为自己创造各种陌生环境，让自己好奇、兴奋、新鲜的心态永远存在，让自己感到永远充实；除了工作环境，还可以去外部开辟学习充电的各种不同环境，为自己的进一步发展充电加油，比方说，积极参加单位或者社会的相关培训，努力争取在各种场合结识专业人士等。

9. 合理调配自我

善于安排个人精力的人总是感觉到生活是轻松的，工作是愉快的。为了达到这种境界，您应该对所有的工作都做好计划，并在规定的时间内完成。工作结束后，要充分利用自己的闲暇时间，切忌将工作带回家做。对于个人的进展应该定期进行"标记"，以便让自己明白，目前已经完成了什么，还有什么工作没有完成；对没有完成的任务，应该规划好完成的时间，并在某段时间，合理分配自己的精力，从而使工作、学习、生活、娱乐尽量做到更加有效，而且能够很好地自我循环，自我提升。

"人类过去和现在的努力已经排除了知识路途中的许多障碍，让我们继续努力去排除剩余的障碍。"这是哈佛大学第19任校长昆西对入学新生和毕业生的祝福。在工作中，或许也会有很多障碍，但是，对于哈佛人来说，这都不是问题。

第06辑
哈佛不信死板的学术，他们相信思考的力量

　　查尔斯·威廉·艾略特在 1869 年当选为哈佛大学校长。艾略特把一个地方院校转变成了一所美国知名的研究型大学。直到 1909 年结束校长任期，艾略特是美国大学历史上在位时间最长的校长。艾略特指出，哈佛应该教学生一些知识、理论，作为他们研究的基础，教会学生采用怎样的思考方式解决自己的问题。他说："在哈佛大学，昨天老师给了学生一本书，今天就会问他有什么想法，而不是依赖那种简单的考试。"

培养逆向思维，开拓新的思路

"人类的希望取决于那些知识先驱者的思维，他们所思考的事情可能超过一般人几年、几代甚至几个世纪。"哈佛大学第21任校长艾略特对哈佛教授们如是说。

德国古典哲学为我们带来了辩证法的思想。通过这一思想，我们了解到事物都有正反两个方面，并且这两个方面可以相互转化。通过辩证法思想，当陷入传统思维的困境时，我们完全可以跳出固有的思维套路，从逆向思维出发，寻找解决问题的新思路。英国著名的物理学家法拉第正是通过这样的思维方式发现了电磁感应定律。

在法拉第未发现电磁感应定律之前，丹麦的哥本哈根大学物理学教授奥斯特通过多次试验证实了电流中存在着磁效应。这一发现震惊了欧洲大陆，法拉第也进行了重复的实验。他发现，当导线通上电流之后，导线附近的磁针会发生偏转。

受到德国古典哲学影响的法拉第认为，既然电流可以产生磁场，那么磁场自然可以产生电流。在这一思想的指导下，法拉第做了无数次的实验，都以失败而告终，但这并不能动摇法拉第对这一想法的信念。他仍然继续设计自己的磁场生产电流的实验。

十年后，法拉第终于找到了磁场产生电流的方法：他把一块磁铁插进一个缠着导线的空心圆筒里，结果导线两端连接的电流计上的指针发生了轻微的转动！电流真的产生了！

此后，法拉第又设计出了多种实验，并于1831年提出了著名的电磁感应定律。之后，他还根据这一定律发明了世界上第一台发电装置。

法拉第运用逆向思维成功地发现了电磁感应定律。那么什么是逆向思维呢？

逆向思维,也叫求异思维。它指的是思维从事物对立面的方向进行思考,从问题的相反方向进行探究,以此来开拓新的思路,找到解决问题的新方法,也就是我们常说的"反其道而行之"。这里的"道"是指人们的思维定势,它是指人们在定向思维的活动中,在生活经验的影响下而形成的一定的思维规律或者模式。这种思维定势一方面可以给你提供解决问题的方法,另一方面却阻碍着创造性思维的发生。

在传统的影响下,人们总是习惯于从思维定势中去思考事物,寻找问题的答案。其实,很多情况下,这样的思维方式并不能提供有效的帮助。这时,我们便应该考虑开动逆向思维,倒过来进行思考,从而为自己的思维开辟出一条新路。

逆向思维可以从多个角度进行思考、运用,哈佛大学的学者库班将逆向思维分为了三类:

1. 反转型逆向思维方法

这种方法是指从已知事物的相反方向进行思考,进而发现解决问题的方法。技术人员正是通过这个方法解决了洗衣机脱水缸的问题。在洗衣机设计之初,为了解决脱水缸的颤抖和因此而产生的噪音问题,工程技术人员想了很多办法,比如增加转轴的宽度,增加转轴的硬度等,但均未奏效。正当设计思路陷入死胡同时,设计人员决定"反其道而行之",将转轴变软。结果,这一设计很好地解决了脱水缸颤抖和噪音问题。虽然脱水缸在静止时,被手一推就东倒西歪,但是在高速旋转时却非常平稳,而且脱水的效果也很好。

2. 转换型逆向思维方法

这种方法是指当某一问题无法解决时,我们应该换一种手段,或者换一种思考方式进行思考,另辟蹊径,以便能够顺利解决问题。比如在第二次世界大战期间,为了取得攻打柏林的主动权,苏联红军不得不在一天晚上发动突击。但是这天晚上偏偏能见度很大,非常不利于红军做出大规模的突击作战。苏军元帅朱可夫经过长时间的思考,终于找到了一个方法:那就是把苏军的所有大型探照灯都集中起来,在突击的晚上全部照向德军的阵地。结果,德军由于强烈的光线而无法睁眼,苏军则趁势成功突破了德军的防线。

3. 缺点型逆向思维方法

这种方法是指利用事物的缺点，化弊为利，化腐朽为神奇的一种思考方式。这种方法并不以克服事物的缺点为目的，而是将其加以利用，找到解决问题的方法。比如，金属容易遭到腐蚀，这是金属不易于保存的一个缺点，但是人们却利用这个缺点进行金属粉末的生产。

库班解释说，我们并不是说逆向思维是一种比其他思维方式更为高级、更为可取的思维，而是说，当我们在运用其他思维方式无法解决问题的时候，我们不能陷入思维定势之中，而要及时地使自己的思维跳出死胡同，从问题的对立面或者其他方面进行思考，以此来找到解决问题的方法。

思维并没有优劣之说，不管逆向思维还是定向思维，都各有其利弊。而逆向思维和定向思维也仅仅是思维的一种划分方式，它们均要统一在思维之下。因此，在思考问题的时候，我们应将各种思维方式综合运用，这样不仅可以更加全面地考虑问题，也可以找到最为有效的解决方式。

正确的思考是一切杰出的基础

哈佛大学教授安娜·斯洛在他的公开课上这样说："为了养成你正确、积极思考的习惯，我建议你经常深入地观察那些听到什么就相信什么，想到什么就断然去做什么的人。你会发现这种人极容易受谣言或别人成功的影响，他们往往把所听到的、看到的全盘接受，不根据自己的实际能力加以严格地分析和判断，做事情也多是因中途遇到难以克服的困难而放弃，有始无终。放弃时他们会为自己辩解：'我看他是这么做的。'而有正确思考的人却不是这样，他们深深地知道别人做成的事情有时自己并不一定能做到，他们也把听到或看到的消息和事实在自己的思维中过滤，首先思考的不是事情而是自己的能力与水平，经过在思维中的全面综合、策划，才决定去做还是不做。"

其实，只要勤于动脑的人就会发现：工作、学习上有许多事情完全可以综合起来去做，而且要比单一地做一件事情更加有效。其实，很多成功都源于积极、正确的思考。

斯万鲁斯和千千万万个美国贫困人一样，每日为生计而奔波。有一次他在一个富豪人家做工，他正在用吸尘器清除地毯，主人又叫他去收拾餐桌，当用抹布擦拭桌上油渍时，看着地上的吸尘器，他突然想到：能不能制造出一种专吸餐桌上油渍的"吸尘器"呢？偶然的灵感激发起了他强烈的激情，他辞掉了这份工作回去认真研究起来，终于试验成功了与"电吹风"大小的"餐桌吸清器"，上市后很受家庭主妇的青睐。

美国约有7000万个城市家庭，拿出10美元、8美元买件日用品不困难。而且如今这种"吸渍器"已开始畅销加拿大、墨西哥、英、法等欧美国家，斯万鲁斯一跃成为亿万富翁。

所以，哈佛大学一向鼓励学生搞小发明，尤其是家庭用品的小发明。这能促使学生正确地思考，千方百计地挖掘自身的潜在能力，虽然不一定人人都能成功，但从某种意义上讲，使全民素质得到了整体性提高。

一个人所做的每一件事情和取得的每一个成功，都是思考的产物。任何事情的发展都有着它的自然规律，而错误的思考恰恰弄反了规律，就不可能不导致失败。

对于正确的思考，安娜·斯洛教授从理论上将其概括为两种方法，一是过程归纳法：即把整个事情的过程按顺序排列，从开始到终结都需要哪些过程，哪些事情是必须去做的，哪些问题是容易发生的，哪些环节是必须严格注意的，尤其要考虑到计划外容易发生的事情。二是逻辑演绎法：即按事情的发展规律去设定目标，按照这个规律去一件一件地处理事情，直到取得结果。这两种思考方式在应用时虽然有很大不同，但二者常常不容易截然分开，很多时候都是相互依附的。

我们不难理解安娜·斯洛教授的这样概括，比如你拿石头与鸡蛋撞击，鸡蛋是一定会碎的，从中你会归纳出一个结论，即鸡蛋是易碎的，而石头却不会碎。从这结论出发，你可以知道一个逻辑：即石头可以击碎鸡蛋，也可以击碎其他易碎的东西，如玻璃瓶等，但石头不能击碎韧性很强的东西如皮球等。

但是，许多传统观念都可以影响人的正确思考，但其间最大的障碍有两点。一是轻信，容易轻信的人，他们一般在对待和处理一件事情的时候，总是不去多问几个为什么，不去质疑事情可不可出现预想以外的结果。第二是不相信。这类人对许多事情都持鄙视的态度，常常认为自己做不到的事情其他人也很难做到，他们一般都缺乏信心、热忱和创造力。认为许多新生事物都是不可能的。比如莱特兄弟宣布他们发明了一种会飞的机器，邀请记者前来观看，但在当时却没人接受他们的邀请。当马可尼宣布他发明了一种不需要电线就可以传递信息的方式时，他的家里人和亲戚没有人相信，甚至把他送到精神病院去检查，他们以为他失去了理智。

我们可以这样定论，人的思维是一种完全可以控制的东西，但是思维又极易受外界环境影响，所以，我们必须要借助于有利的心理习惯来控制这些因素的影响，这种过程叫做"习惯控制"。习惯控制的过程可以将正确的思考转化成行动，是自己在做一件事情时目标明确、心态健康、力量充足。

如果"习惯控制"出现偏差，思维就会受到影响，甚至直接危害身心的健康。

有一个妇人患了肿瘤，他们把她放在手术台上，实施麻醉。这时候医生突然发现，她的肿瘤在X线荧光屏上消失了，根本不用做手术了。但是当她苏醒过来后，肿瘤又出现了。医生们百思不得其解是为什么。后来他们请来心理学家才弄明白，原来这个妇人一直和一个患有肿瘤的病人住在一起，她的想象力太丰富，总是幻想自己也患了肿瘤。

当她再度被放在手术台上，实施麻醉以后，她的腹部被绑上了绷带，使那个肿瘤不至于再恢复。当她苏醒以后，医生告诉她肿瘤已经摘除了，而且这是一次十分成功的手术,但是她必需要继续绑几天绷带。妇人相信了医生们的话,当过了几天绷带打开以后,肿瘤没有再出现。而事实上是没有做任何手术,她只是在潜意识中去除了患有肿瘤的想法。同时,由于她没有真的患过肿瘤当然就可以维持正常了。

当人有了自己可能要生病的不正确想法以后,身体就可能要真的生病,因为不正确的想法给他造成了心理暗示。由此可见,不正确的想法对人的危害有时是极大的。

说了许多正确思考和不正确思考的益处以及危害,但是究竟什么才是正确的思考呢?正确的思考都表现在哪些方面呢?安娜·斯洛教授提出以下几点:

(1) 善于发现有价值的问题,富于正确思考的人往往都是选取一种单一的、与众不同的问题焦点,他们能够忍受长期的艰苦工作,耐心追求问题的答案,不急于求成。

(2) 善于明确问题的真正缘由,能很快地找到解决问题的办法。

(3) 思路开阔、集思广益,具有观念的复杂性、思维的冒险性和判断的独立性。

(4) 自我感觉良好,有很强的逻辑思维能力,善于用直觉去判断确定方案。

(5) 勇于付诸行动,把挫折看成是考验自己的机会。

发出积极的思维,获得全新的结果

在工作、学习上全面发展,提高心理素质,使自我潜能得以充分发挥。人类学家玛格丽特·米德认为,一个正常的健康人运用思维也只是其潜能的10%左右,而这10%还包括那些不健康的、消极的思维。

哈佛大学的心理学家奥特·赫本也曾提出:"人随着年龄的增长,积极思维和创新能力有下降的趋势,这不是说人的年龄越大积极思维和创新能力开始退化,而是人本身开始忽视或不愿意再去开发新的思维和创造力。"

其实,人类的积极思维是从很小的时候开始的。我们每个人都可以记得在自己很小的时候,在没有任何安排的情况下,都可以自己创作一幅图,唱一支歌或做一个游戏,这种积极思维可以在我们的童心中长期保持,但随着年龄的增长,我们都可以感觉到这种思维已经渐渐的不存在了,被取而代之的常常是不加认真思考地按惯性行事,而不是用积极的思维去对待每一件事情。所以说,积极的思考是一种思维模式,它能够让你在最不利的情况下仍有寻找最佳结果的心态,在追求某种目标时,既便是遇到了很大的困难和阻力,仍可以摆脱消极,抱有最大的希望,最终也可以收到预期的效果。

有一年,哈佛大学的入学考试有这样一道题目:"说说一支铅笔有多少种用途?"如果按照常规的思维去想,铅笔就是用来写字和画画的。但学校让学生们用积极的、创造性的思维去想这个问题,结果思路一下被打开了,结果有人把铅笔列出了上百种的用途。例如,铅笔不仅能写字,画画,必要时可以当成尺子画线,作为礼物送给别人表示友爱,铅笔芯可以磨成粉沫润滑剂,演出时可以用于化妆,削下的木屑可以做成装饰画,一支铅笔按比例锯成若干小段可以当成棋子或当成玩具的轮子,铅笔抽掉笔芯可以当吸管,遇到坏人时削尖的铅笔可以当成武器保护自己……总之,一支铅笔有无数的用途。

哈佛大学教给学生的不仅仅是一支铅笔的用途,而是培养了一种积极的思维方式,让学生懂得任何一种物体都有着它多种的价值,在任何环境下只要自己有积极的思维就有生存下去的可能。这种教学模式让学生的思维能力和心理素质都有了极大的提高,哈佛毕业的学生,无论出身高低贵贱,都能找到一份理想的职业,并且生活得都很幸福、美满。

在美国,绝大多数的人都善于想象,无论生活环境如何,他们都不屈从于命运的安排,相信自己只要经过努力,就一定能过上好日子。比如做服务生的人,他们都幻想着将来可以拥有一座属于自己的酒店;在工厂里做工的女工,都设计着自己未来美满的家庭;一个出身低微,社会地位不高的人,也幻想着自己将来能够掌握大权。

事实上,很多弱势群体中的人,他们并不是没有能力改变自己的生活和所处的环境,他们除了怨天尤人外,就是缺乏一种积极的思维和心态,他们不能为自己去设计、规划一幅想象中的图画,他们总以为自己的幻想是无济于事的,这种消极的思维让他们自身的潜能无法充分发挥,拿不出信心和力量去实现自己的愿望。

为什么积极的思考会产生巨大的力量呢?其实,积极的思维并不是本身具备什么神奇的魔力,它不会无缘无故地给失业者变出工作,更不会把穷人一下子就变得富有。但是积极思维者能够及时调解自己的思路,不断变换对问题认识的角度,面对事实地分析自己的优势和劣势,面对实际,一步一个脚印扎实地努力,去实现自己的目标和计划。

也许会有人反驳我,说:"事实有时并不是如此,我在工作、学习时遇到许多挫折和困难。每当在这些时候,我想过很多的办法,也读过很多有关改变思维的书籍,但仍然是解决不了实际的问题。"也许有人还说:"你说得这一套根本没用,我的学习、工作正陷入低潮,我试过积极思考的办法,但对我来讲毫无起色,无论是怎样的思考都无法改变事实。"

如果你坚持如此认为,那就是对积极思考的力量持一种否定或排斥的想法,只要把积极的思维理解成一种单纯的思考,并没有真正了解积极思考的本质,没有把思考得来的结果与现实十分紧密地结合起来,就像驼鸟一样,遇到危险只是将头埋在沙里,而不是睁大眼睛去寻找路标,寻找新的生存希望。所以说,一个拥有积极思维的人并不否认消极因素的存在,他们只是更善于从自我的弱势中走出来,在工作、学习、生活的一时一事中使自己的积极思维不断充实、成熟,并利用好每一个机遇使思维变成现实。

不迷信经验，懂得打破思维定式

"一个人是否具有创造力，是一流人才和三流人才的分水岭。"哈佛大学第24任校长普西说，这也是他对开发学生创造力意义的理解。

哈佛的一位教授带了几个学生去非洲的撒哈拉沙漠考古，他们想找到撒哈拉沙漠传说中的古城遗迹，但历经几个月的艰苦行走，却一直没有发现所谓的古城。

就在精疲力竭准备放弃考察的时候，这位教授发现，当沙漠风暴突然来袭时，骆驼队的人为了防止自己的骆驼被风刮走，往往在地上插上一根木棍，这样就等于固定住了骆驼。教授不得其解：为什么地上插上一根木棍就能拴住骆驼呢？

教授对这个有趣的现象进行了调查。原来，骆驼是撒哈拉沙漠最重要的交通工具。在每个撒哈拉养骆驼人家，都有一套人驯骆驼的技能。当小骆驼出生时，养骆驼的人就要在地上埋下一根木桩，并用鲜艳的红线缠裹，然后把骆驼拴在上面。小骆驼当然不甘被一根小木桩屈服，于是它拼命拉着绳子，前后左右，想把那根小木桩从地下拽起来，但每次的努力都失败了。

几天后，骆驼累得精疲力尽，渐渐地开始屈服了。这时，主人拆了木桩上缠裹的红线，然后坐在木桩上，用手拉住拴骆驼的绳子，不住地抖动。这时骆驼又拼命地拽，甚至连蹄子都拽出了血，可是依旧摆脱不了那个缰绳，渐渐地，骆驼再次臣服了。再后来，牵骆驼缰绳的人换成了一个孩子，骆驼仿佛看到了希望，开始了新一轮的挣脱。当然，最后它还是失败了。

最后，骆驼终于彻底驯服了。从这时起，只要主人手拿着一根拴着骆驼的小木棍，随便往地上一插，骆驼只会围绕在那根小木棍周围打转，不再做"无谓"的抗争了。

据说，无论多大的风暴，哪怕主人被巨大的沙暴远远裹走后，这些骆驼都会寸步不离地守着那根小木棍，等待着它的主人，一天、两天……直到最后被饿死。

这个故事给了教授莫大的启发：自己的失败是不是思维的问题？他们的目标是寻找古迹。但是他们一直没有发现类似"城墙"、"枯井"之类的遗址——或许撒哈拉沙漠传说中的古城遗迹并没有"城墙"、"枯井"，而是其他遗留呢？

思维的改变给这位教授的考古工作带来了转机：沙漠中一大片风化的木头屑让他确定了传说中的古城位置。根据是，在茫茫的沙漠中，只有人类活动的地方才会有大面积的木头屑。

可见，模板式的思维方式，常常给人带来极大的危害。所谓思维定式，是指人们思想的趋势、程度和方式。构成思维定式的因素，主要是认识的固定倾向。所以这位教授后来说："有经验是好事，但习惯于经验也会成为人生的束缚，所以不要盲目地推崇'经验第一'。必须拿出破除经验的勇气，以闯出一条新路。"教授的话后来成为哈佛大学奉行的哲理。

的确，原有的思维习惯使人们在解决问题时不用太多的思考，能减少摸索的过程，让行动更快速。但是，这种固有的思维有一定的刻板性。另一方面，它容易让人过多地依赖经验，稍有不慎，就会导致人们在解决问题时陷入困境。所以，人一旦养成了某种习惯的思维定式，就会习惯地顺着这种方式去思考问题，不愿也不会转个方向、换个角度想问题，这是很多人的一种愚顽的"难治之症"。

拿破仑·希尔最初在杂志社从事采访成功人士的工作。从这些成功人士那里采访到杂志社想要的素材，这对于希尔来说就算是不小的成功了。

一次，他去采访钢铁大王安德鲁·卡内基，采访整整用了三天的时间。采访快结束了，卡内基问希尔："先生，你对自己的未来有没有什么更好的打算呢?"

"有呀,我要采访到世界上所有像你一样的成功人士。"希尔回答说。

"不错,到那时你一定是世界上最了不起的记者啦。"卡内基说,"但是,你为什么非要做这样的一个记者呢?"

"这是我的职业呀?"希尔说。

"难道就不能改变吗?依我看,你在采访他们的同时,总结他们的成功经验,然后让更多人学习这些经验,让更多的人成功,这不也是一件不错的工作吗?"卡内基笑着说。

于是,在卡内基的建议下,拿破仑·希尔改变了原有的想法,从而成为了一代成功学大师。

"卡内基的建议让我眼前一亮,是他改变了我人生的走向,让我小有成就。"拿破仑·希尔后来说。现实中,有人会因为走不出思维定式而走不出可悲的宿命,而一旦走出了思维定式,他就会看到许多别样的人生风景。工作中,我们常会遭遇瓶颈,走进困境,这时,试着改变自己的思维习惯,就会走出困境。

为了给大楼加装一部电梯,专家费尽了脑筋。因为不管怎么设计,不是楼内空间不够,就是会影响到大楼的安全。虽然参与设计的人都是顶级的专家,他们的讨论也持续了近一个星期,但最终还是对其束手无策。

这天,专家们又在为如何加装电梯而争论不休,近来倒垃圾的一名清洁工小声说:"为什么不能把电梯放在大楼的外面呢?"

一句话让这些专家恍然大悟:"是呀,为什么不能把电梯设计在楼外面呢?"

据说,室外电梯就是这个清洁工的创意。

在此之前,楼梯都是在室内,所以在加装楼梯的时候,人们受到惯有思维的束缚,很自然就想到了室内。这样,专家被难倒了。清洁工没有惯有思维的束缚,问题反而解决了。

所以，让自己善于改变思维定式，改变观念。学会根据不同状况、改变自己的思路。不善改变思维，在遭遇困境时就很难找到出路。只有运用头脑，积极思考，你就能够发现机会，创造机会，改变自己的生活，实现人生的目标。

哈佛的优势，就是比别人多想一步

据说，哈佛把学生分成三类：一类是不思考的，为下者；一类是思考的，为中者；再有一类就是比别人多思考一点的，这为上者。一般来说，学校会按照成绩把学生分成三六九等，为什么哈佛从思考的角度去将学生分类呢？

在茫茫人海中，好多人觉得自己好像从来都没有过所谓的计划和目标，他们都是在迷茫中前进，走到哪里算哪里。人比动物高贵，是因为人更能思考，每天我们都一样地活在这个世界上，我们每个人都会有不同的思考，但这种思考仅仅使我们都在一个水平线上，在经济上不会给我们带来一些与众不同，更不会成为我们成功的起点。因此，人与人的差距，更多体现在思想方法上，虽然初始时的差距就那么一点点，但日积月累就越拉越大。所以，要想获得财气，我们不仅要有自己的计划和想法，更要有比别人多一点的想法，哪怕就是多想一点点，因为这样每天都多想一点点，你就是一个比他人更有思想的人，你就会脱颖而出。

不可否认，哈佛大学是全世界最好的大学，培养了很多诺贝尔奖的获得者和巨商名流，其秘诀是学校总是把更多的赞赏送给每天比别人多想一点的学生。

有一个教授在课上总会让学生做这样一个心理测验：他让全班的同学每人从 0～100 中任选一个数字，然后由教授进行汇总并取平均数。谁选的数字最接近全班平均数的 1/2，谁就成为赢家，并能得到教授个人提供的奖励。

从理论上讲，从 0～100 中随机选取若干个数，其平均值最接近 50，那么其 1/2 就是 25。所以一般人会选择 25。但多想一步，如果每个人都这么想，也就是每个人都选择 25，那么全班平均数就是 25，而其 1/2 为 12 或 13。所以，聪明一些的学生会选择 12 或 13。更聪明的同学会想，这帮家伙能混到这里当然不笨，如果大多数人都想到了上面的逻辑并选择 12 或 13，选择 6 或 7 的赢面就很大了。当然，还有更聪明的人，比如一个同学。她按照上述的逻辑推理下去，认为最终所有人都会选择 0。她最后的答案就是 0。可谁是最终的赢家呢？

教授认为这个同学是全班最聪明的人，但赢家并不是她。全班大部分的同学都选择了 12 或 13，所以少数几个选择 6 或 7 的同学获胜。最终获胜的是比群体中的大多数多想了一步的人。

所以，哈佛大学鼓励学生"多想"，因为他们知道，有时能给一个人带来成功的，也就是比别人多想了那么一点点。

看到炉子上的水壶盖子被沸水顶开，一般人都会想到是"水开了"，有人会比别人多想一点"为什么？"就这一步多想推动的却是整个人类文明的进步；苹果砸了头更多的人会骂"老子今天真晦气！"但有人多想了一点就树立了物理学新的里程碑。

我们活在这个世界，可以不渴求在比别人多想一点上获得惊世骇俗的发现，但我们一定要善于比别人多想一点，这能招来更多的财气、提高自己的能力，还有可能成为自己成功的起点。

能够做好自己的本分，是成功的基石，而在做好本职工作的同时要比别人多想一点，才能赢得老板的青睐。人要善于观察、学习、思考和总结，仅仅靠一味地苦干奋斗，埋头拉车而不抬头看路，结果常常是原地踏步。成功的规则未必那么明显，需要很高的悟性与洞察力，面对差距和挑战及时调整心态，增强自己独立思考、随机应变的能力。

高的学历、强的能力不是一个人成功的必胜法宝，在自身文化修为完善的同时，每天多想一步才是连接成功的最结实的锁链。每天比别人多想一点，就像你站得比别人高一点，你离成功就会要比别人要近得多。

把脑袋打开一厘米，所以哈佛人很聪明

一个人的创新能力，要比任何文凭和技能都重要，因为创新意味着增加效益，意味着具有强大的竞争力和藐视所有困难的无比自信。它将比死的知识和过时的技能更能寻找到广阔的用武之地。而这么重要的东西，其实真正做到并不难，关键在于你是否肯把自己的脑袋打开一厘米。当然这不需要做任何手术，而是指让自己的思维方式开开窍——到达目的地的途径是有很多种的。

人们都说，哈佛人很聪明，其实，这仅仅是思维方式的不同而已。

麦克哈佛毕业去了约翰的公司。这天公司举行钓鱼活动，老板约翰把宝贝儿子也带上了，正当大家都沉浸在垂钓的乐趣中时，忽然听到小约翰一声痛苦的惨叫——原来他玩耍时不小心将鱼钩吞了下去，并卡在喉咙处。

去医院，最快也要两个小时的路程；顺着鱼线往上拔，势必会撕破小约翰的喉咙。怎么办？

约翰心疼得直冒冷汗，员工们不但没了玩的兴致，七嘴八舌地议论纷纷，但都无计可施。

这时，麦克一边安慰小约翰，一边对老板约翰说："千万别着急，我很快就会处理好的。"

麦克找来几根火腿肠，把它们截成很小的段，然后把它们分别穿在小约翰留在嘴外的鱼线上，像根棍一样笔挺。紧接着，麦克将这根"棍"往下一按，让火腿肠彻底将鱼钩包裹住，再轻轻往上一提，鱼钩就顺利地取

出来了。

麦克不但解除了小约翰的痛苦，还没有给他造成任何伤害，老板感激地说："麦克，你好聪明啊！"

"不，这很简单，在你们都顺着想——往上提鱼钩时，我却用了逆向思维，就这么简单。"

哈佛人思维的开阔程度一般人是难以比拟的。同一件事，他们绝不会只去顺着想，他们会运用逆向思维处理问题。所以，哈佛毕业的学生总会让人觉得他们很聪明。

任何人都要明白，脑袋是自己的，你的行为，你的思想都没有必要总是跟在别人身后去牵强附会、人云亦云。走一走别人和自己都没有走过的路，与众不同的风景定会令你赞叹不已。过一种令自己感到新奇的日子，人生将是一个充满快乐的创意空间。

让自己的脑袋打开一厘米，智慧的光束就会像一盏灯，将会永久地把你的灵感照亮。你的工作，你的业绩，你的前程，都会尽在自己的掌握之中，工作起来更会得心应手，游刃有余。

另外，人不是上帝，都有犯错误的时候，就连那些智者云集的科学领域，发生一些错误的情况也屡见不鲜。

田中耕一是日本岛津制作所的一名普通工程师，他的工作主要是利用各种材料测量蛋白质的质量。

有一天，他错误地把丙三醇倒入钴中，这无疑是一个错误，但他并没有懊恼地推倒重来，更没有大骂自己太笨，而是将错就错地对其进行观察，结果意外地发现了可以吸收激光的物质。

在此基础上，田中耕一进行了深入的研究，在生物高分子研究领域提出了性质界定和结构解析的原创思想，并最终发明了对生物大分子进行质谱分析的"软解吸附作用电离法"。

正是靠着这一成果，田中耕一荣获了2002年的诺贝尔化学奖。

人都会犯这样或那样的错误的，你也不例外，重要的是如何对待失败。让自己的脑袋打开一厘米，或许在错误的废墟上，你也会像田中耕一样，发现一株盛开的玫瑰呢。

这正如事业上虽然每天都会有不同的拦路虎出现一样，假如你用自己丰富而灵活的创造力去战胜它，你的收获，你的欣喜，就会像一直向上延伸的台阶，把你推向更高的平台，在那个更为广阔的舞台上，你得到的赏赐就是——我们需要你！

事业的成功与失败，相隔仅一步之遥；创新与保守的分界线，也并非不可逾越，只在于你是否肯把脑袋打开一厘米。哈佛人做到了，所以，他们能成为世界上最优秀的一群人。

神奇的哈佛博士：成功可以从想象开始

哈佛大学之所以是世界最顶尖的大学，这和他们务实的工作作风和严谨的治学态度是分不开的。但是，很少有人知道，哈佛大学所取得的成就，有的却是源于"闭门造车"的想象。

哈佛大学看到，世间很多新事物的产生都是想象的结果。小到日常用具，大到奔月飞天，都是按照某种设想践行的。人类的文明是建立在想象上的。哈佛大学认为，在学术上有很大一部分是可以寄予在想象的基础上的。

这天，一位记者采访哈佛大学以小发明在学术界著称的埃玛·盖茨博士。到盖茨的实验室，盖茨的助手却告诉这个记者说："很抱歉……这时候我们不能打扰盖茨博士。"

"请你告诉我，为什么这个时候不能打扰他好吗？"记者礼貌地说。

助手迟疑了一下说："盖茨博士正在静坐冥想。"

记者忍不住笑了："静坐冥想，那是什么意思啊？"

助手笑了一下说："我很难解释，您最好还是请盖茨博士自己来解释吧。"

这个记者决定等盖茨博士出来。

两个小时后，盖茨博士走进房间接待了这位记者。记者把助手所说的话告诉盖茨博士，盖茨博士说："难道你不想看看我静坐冥想的地方，并且了解我怎么做吗？"

于是，盖茨博士领记者到另一个房间去，这个房间是隔音的，陈设简陋，里面只有一张简朴的桌子和一把椅子，桌子上放着几本白纸簿和几支铅笔，另外，还有一个可以开关电灯的按钮。

盖茨博士告诉记者，自己在遇到困难而百思不解时，就会走到这个房间里，关上门和灯，让自己安静地坐在黑暗中，这样就可以全副心思进入深沉的集中状态。他就这样通过"想象"的方法让自己的潜意识给自己一个解答。有时候，灵感会迟迟不来；有时候一下子就涌进他的脑海；为了一个好的想法，花上两小时或两天也是常有的事。等到念头开始澄明清晰起来，他立即开灯把它记下。

埃玛·盖茨博士把别的发明家努力过却没有成功的发明重新研究，使它尽善尽美，因而获得了200多项专利权。

难道埃玛·盖茨博士的发明都是靠这样"想象"得来的吗？可以说是这样的。因为想象是一个人成功的工厂，在这个工厂里，可以把原来的想法和已知的事实重新组合，产生新的用途。现代辞典对"想象力"一词的定义是这样的："建设性智力的行为，把知识资料或思想，集合成新的、始创性的及合理的系统；建设性或创造性的才能；包括诗歌、艺术、哲学、科学及伦理上的想象力。"

所以说，一个人不妨对自己未来发挥充分的想象，这种想象，看似不可能实现，但不代表未来不可能实现，它可能是你获得巨大成功的萌芽。

一位父亲以替别人放羊来养家糊口。这天，他带着两个年幼的儿子在山坡上放羊。

这时，一群大雁鸣叫着从他们的头顶飞过。

小儿子问："爸爸，大雁要去哪里呀？"

"它们要去南方，因为南方很温暖，能舒服地度过冬天。"父亲说。

大儿子看着在高空展翅飞翔的大雁说："如果我们也能飞就好了。"

小儿子也对父亲说："是呀，要是我们会飞该多好啊！"

父亲沉默了一下，然后郑重地对他的两个儿子说："孩子，只要你们愿意，你们一定能飞起来，那时你们就可以去自己想去的地方了。"

两个孩子把父亲的话牢牢记在心里，想象着自己的能飞起来的样子。

几十年后的一天，他们真的飞起来了，他们就是莱特兄弟。

想象力会最大限度地激发人的潜能，让飞翔不再是梦想。如果你愿意，并发挥你的想象力，你也可以跟莱特兄弟一样，获得人生的成功。

想象具有神奇的力量，它可以让人在黑夜感受到阳光，它能引领着人们去追逐一个又一个的目标。哈佛大学校长福斯特曾这样说过："想象让人有一种超前意识，其力量不可估量，小到个人的发展，大到人类的进步，想象是一个开端。"的确，新事物的出现，首先出现在思想里，然后根据这个思想去设计事实，并逐渐成熟。不信，你可以检查一下自己就会发现，你的很多拥有都是从想象开始的。

第07辑
可以没有哈佛的学位，不能没有哈佛的品位

  1909年，洛厄尔出任校长，他在保留自由选课制优点的前提下又提出了新的教改方案，以保证学生具有比较广泛的知识面。余下的课任学生自由选择。这种制度既保证专业课学习的深度，又能扩大学生的视野，也可给学生的个人爱好留下适当的余地。洛厄尔校长曾这样说道："哈佛人的举止应该和他的学识相匹配！"

第 07 辑　可以没有哈佛的学位，不能没有哈佛的品位

哈佛交际的基石：不可丢弃的品位

20世纪60年代，美国一部分大学生对社会现实感到不满，但又感到无力改变现状，于是，他们蓄长发，留胡须，衣着褴褛，状如乞丐。他们以违背世俗的仪表来向社会"抗议"，这就是所谓的"嬉皮士"。在现代，不乏有"嬉皮士"，他们奉行落魄的装扮，放弃对衣着品位的追求，要么以此来彰显自己的个性，要么想给自己倦怠的人际注入些生机。殊不知，做人没有品位的，会自己让自己掉价，给自己的人脉经营带来极大的障碍。

哈佛大学认为，你有什么样的品位，就会拥有什么样的人脉圈，因为有什么样的外表会决定你交往什么样的人。哈佛大学的行为学家迈克尔·阿盖尔做过一个实验。他以不同的打扮出现在同一地点。当他身穿西服以绅士模样出现时，无论是向他问路或问时间的人，大多彬彬有礼，而且也差不多是绅士阶层的人；当他打扮成无业游民时，接近他的多半是流浪汉，或是讨钱、借烟。可见，拥有优良的人脉资源离不开品位。

乔治与查理同时毕业于哈佛大学，在同一时刻被招进公司做事。这两个人一样的学历，一样的努力工作，但爱好却完全不一样。乔治注重穿着打扮，说话总是带着绅士风度，显得很有品位。查理则不一样，查理穿着随意，因为他认为他反正在公司是做苦力活的，只要卖力干活就是了，穿着的品位再高又不能当饭吃。

一次，公司要从基层提拔一个主管，经理将查理和乔治同时报了上去，因为这两个人工作能力都很强，所以他拿不定主意该选哪一个较好。老板接到报告后，用红笔在乔治的名字上打了个钩。老板说："乔治不错，这小伙子秀外慧中。查理太不注重外表了，这么没品位，让他管人，谁会

服他？恐怕将来出去和客户谈合同时，还能将客户吓跑了呢。"

阿盖尔教授常常以这个故事去向他的学生说明品位的重要性。在现实中，很多时候人们会根据你的衣着品位来判断你，所以，品位是你建立高档人脉圈的垫脚石。

1918年11月，第一次世界大战结束，这场战争毁掉了拿破仑·希尔的事业，使他必须一切从头开始。他的全部衣服只是三套已经穿破了的西装和两件再也派不上用场的制服。

希尔很清楚，一般人都是根据一个人的衣着来判断对方的。因此，他立刻去了一家服装店。希尔当时口袋中仅有不到一美元的零钱，很幸运的，店主允许希尔以赊账的方式买下了三套他从未穿过的最昂贵的西服、三套不太贵的西服、一整套的最好的衬衫、衣领、领带、吊带及内衣裤。

第二天，希尔穿上了一套崭新的西装，在外衣口袋中塞入一条新的丝质手帕，把从别人那里借来的50美元放入裤袋中。然后，走上芝加哥的密歇根大道，心里觉得自己很有品位，感觉和洛克菲勒同样有钱。

每天早上，希尔都会穿上一套全新的衣服，在同一个时间里，走上同一条街道。这个时间正好是某位富裕的出版商前往俱乐部吃午餐的时刻，而他所走的路，正好跟希尔走的路线相同。

希尔每天都和出版商打招呼，偶尔，还会停下来和他聊上一两分钟。

这种每天例行性的会面进行了大约一星期之后，有一天，希尔决定试一试自己的想法了。

这天，希尔只从眼睫毛下偷偷瞄了出版商一眼，然后立即就把眼光凝视正前方。正当希尔要从他身边走过时，出版商却停住了脚步，示意希尔走到人行道边缘上。他把手放在希尔肩上，把希尔从头到脚打量一遍，然后说道："嗯，你的衣服都是哪儿做的？"

希尔说："这套特别的服装是'威尔基及谢勒理公司'特制的。"

出版商接着想要知道希尔从事哪种行业。希尔的衣着所表现出来的这种极有成就的"气质"，再加上每天一套不同的新衣服，已引起了出版商很大的好奇心。

殊不知，希尔本来就是希望发生这种情况。

"对于一个刚刚脱下制服的人来说，你看来混得相当不错。"

希尔很潇洒地掸掉手中的哈瓦那雪茄的烟灰，说道："哦，我正在筹备一份新杂志，打算在最近一段时间内予以出版。"

"一份新杂志，嗯？"出版商回答说，"你打算替这份杂志取什么名称呢？"

"我打算将它命名为《希尔的黄金定律》。"

"不要忘了，"这位出版商马上说，"我是从事杂志印刷及发行的。也许，我也可以帮你的忙。"

这就是希尔所等候的一刻。当他购买这些新衣服时，他心中就想到了这一刻，以及他们现在所站立的这块土地，几乎分毫不差。

但是，你必须认识到，当这位出版商每天在那条街上看到希尔时，如果希尔脸上带着沮丧的神情，身上穿着一套皱得一塌糊涂的旧西装，眼中流露出贫穷的眼神，那么，他将永远不会停下来和希尔谈话。

这位出版商邀请希尔到他的俱乐部，和他共进午餐。在咖啡和香烟尚未送上桌前，他已经"说服了"希尔答应和他签合约，由他负责印刷及发行希尔的杂志。希尔甚至"答应"允许他提供资金给自己，而且不收取任何利息。

额外获得如此庞大的一笔资金通常很难，即使你能提供最佳的担保品，也不容易筹得所需的资金。发行《希尔的黄金定律》这本杂志，所需要的资金在3万美元以上，而其中的每一分钱都是从漂亮衣服所创造出来的形象上筹募来的，可以说，是高品位的着装打扮增加了希尔的资本。

看见了吧，一个高品位的外表装扮，在关键时候能成为你获得别人信赖的资本。

也许你还在倔强地认为，人有丰富的内在气质就好，不必在乎有没有品位。话虽如此，但人性的弱点之一就是重衣不重人，你又何苦穿得寒酸小气，甚至邋邋遢遢，让别人把你看低呢？

投资优雅风度,提升成功几率

这一天,哈佛大学第23任校长科南特接见了哈佛大学的新生和家长。科南特校长的一个老熟人和孩子也在其中。这位熟人是一个投资人,但是因为举止粗鲁让他在业界的名声不是太好。

"以你投资人的角度看,你将儿子送到我们这儿来,也是一次投资吗?"科南特校长问道。

"我想是的,校长阁下。你知道,你们的学费并不便宜,但我认为我的这笔投资是值得的,因为我儿子将从你们这儿学到世界顶尖的专业知识。"

"先生,我想你要是这样想,你的投资回报就很小了。因为在鄙校,不仅是各个专业,有几个项目也是可以毫不犹豫地进行投资的,其中之一便是投资高尚的举止、优雅的风度、慷慨大方的品质和乐善好施的艺术。我想,令郎更需要后者。"科南特校长回答说。

抛开校长的话所含的言外之意不说,哈佛大学之所以推崇"投资高尚的举止、优雅的风度、慷慨大方的品质和乐善好施的艺术",是因为对于这笔投资来说,它的收益率将是极其巨大的。因为所有的大门都会对那些可以令人快乐、令人欣慰的人敞开。他们受到的绝不是一般的欢迎,而是一种具有普遍性的全民欢迎。也就是说,高尚的举止、优雅的风度、慷慨大方的人更受人尊重。

林肯之所以能够受到人们的欢迎,正是因为他拥有乐于助人、平易近人等优雅的风度。在任何时候,他都会设身处地为他人着想,因此,在旁人看来林肯是如此的和蔼可亲,以至于大家都喜欢亲近他。林肯的法律合伙人赫恩登先生曾经说:"每当拉特利奈客栈客满时,林肯总会将自己的床位让给其他旅客,而自己则跑到店铺里,拿一匹布料做枕头,在柜台上凑合着过一夜。"渐渐地,林肯在大家中的名气越来越大,无论大家遇到什么麻烦,都乐意去找林肯帮忙。正是这种乐于助人的优雅风度,使得林肯深受人民的爱戴,最终成为了美国的总统。

　　林肯的成功正是如此。如果对自己的成功经验进行一番总结的话,许多人都会惊讶地发现,他们的成功很大程度上源于自己长期形成的优雅的风度和其他受人欢迎的品质。如果没有这些优秀品质的辅助,即使一个人再聪明,接受的教育再系统,他也不可能取得如此巨大的成功。一个举止粗鲁、言词低劣、令人生厌的人,即使能力再强,也无法在职场上赢得顾客和同事的信任与欢心。

　　塑造一个好的名声,对于我们的成功具有重大意义。因为,它可以令你的心智迅速成熟起来,大大提高成功的几率。因此,想要受人欢迎,想要在人群中有一个好的名声,就必须学会慷慨无私,学会控制自己的脾气,学会彬彬有礼、温文尔雅、和蔼可亲的待客之道。事实上,当你开始投资自己的优雅风度时,你便已经走上了通往成功和幸福的康庄大道。好名声将会成为你的一笔无形资产,即使在经济萧条时期,你也可以凭借它东山再起。

　　在家庭或者学校的教育中,我们绝对不能忽视培养自己的优秀品质。如果将其忽视,那将成为我们不幸的源头。因为,我们的成功和幸福在很大程度上都要依赖它们。实际情况确实如此。虽然我们拥有了广博的知识,但是,在应该表现得优雅、富有同情心的场合,我们却往往像野蛮人一样,表现得尖酸刻薄。如果我们不能对此提高警惕的话,那么我们的人生终将在狭隘和默默无闻中度过。

　　拥有巨大个人魅力的人之所以总是受欢迎,就是因为他们不惜一切代价来培养自己优雅的风度,提高个人的素质。虽然有些人天生不擅长交际,但是如果他们能向这些翩翩君子或者窈窕淑女学习,那么假以时日,他们一样能够成为大众的宠儿。

是的，人们总是喜欢亲近那些令人愉悦的优秀品质，而规避那些让人厌烦的恶劣品质。如果你想拥有一些受人欢迎的优秀品质，那么你就得遵循下面的这些内在法则。谦恭有礼之人总是能够受到他人的欢迎，而粗俗野蛮的行径则会遭人唾弃；能够助人为乐，及时伸出援助之手的人，人们总是会对其心生感激。法则就是如此简单，但是实行起来就要看自己的表现了。

那些温文尔雅的人身上永远散发着一种迷人的魅力，这使得他们总是受到人们的欢迎，很少遭到人们的拒绝。不论你此刻多么地忙碌，多么地焦虑不安，多么地不希望被别人打扰，但是，遇到这样风度翩翩的人，你总是会对他们网开一面，甚至希望和他们多聊一会。是的，面对这样的人，我们总是找不到对他们采取强硬态度的理由。而他们的成功也自然在意料之中了。

良好的礼仪，给哈佛带来谦虚的风度

在哈佛大学，学生课堂上回答老师的问题时往往会加上"先生"这一称呼。在进入哈佛之前，这种习惯不是每个学生都有的，因为不论是美国还是有礼仪之邦著称的中国，学生在回答老师提问后，一般都是回答问题后就作罢。另外，哈佛大学还要求，偶遇见自己的老师一定要问好，并将其作为学生操守重要的评价之一。

很多人看到哈佛出来的人表现出的礼貌都感到惊讶，也被感染了。人们不仅惊诧哈佛人谦逊有礼，更从中体会到了被尊重。从这个角度来看，哈佛大学走出的人礼貌待人的风度征服了一大批人。

虽然哈佛大学不是一所礼仪学校，但是走进哈佛的学生经常让3个月未见的父母和朋友都不敢认他们。那个从前爱说俏皮话、爱高谈阔论的年轻人，自从进入哈佛大学之后，与父母的谈话方式连他自己都觉得诧异。

张口就是"先生、女士"。当他人起身时,他也知道起身了,他的语言也得到了净化。哈佛人的礼貌不是矫揉造作,它是一种习惯,但这种习惯来源于谦逊和自尊,以及一种发自内心的尊重他人的愿望。

在人际交际中,一个人的相貌、服饰会给人留下深刻的印象。但是,最让人过目不忘的是对方的言行、举止。换句话说,人不仅要有个好的体形,更重要的是,要有个优美的姿态,行为举止要表现出应有的素养,让人亲近、认同。

风景秀丽的纽约大街上,写字楼鳞次栉比。某照明器材公司的业务员汤姆按原计划赴约,他手拿新设计的照明器材样品,兴冲冲地登上六楼,脸上的汗珠未及擦一下,便直接走进了业务部主管的办公室,正在处理事务的负责人被吓了一跳。

"对不起,这是我们企业设计的新产品,请您过目。"汤姆说。对方停下手中的工作,接过汤姆递过的照明器,随口赞道:"好漂亮呀!"他请汤姆坐下,并递过来一杯茶,然后拿起照明器仔细研究起来。

汤姆看到负责人对新产品如此感兴趣,如释重负,便往沙发上一靠,跷起二郎腿,一边吸烟一边悠闲地环视着办公室。当对方询问电源开关为什么装在这个位置时,汤姆习惯性地用手搔了搔头,这是他的习惯。

虽然汤姆做了较详尽的解释,但是这位负责人还是有点半信半疑。谈到价格时,对方强调:"这个价格比我们预算的高出较多,能否再降低一些?"

汤姆回答:"这是最低价格,一分也不能再降了。"对方沉默了半天没有开口,汤姆却有点沉不住气。不由自主地拉松领带,眼睛盯着对方。最后,这位负责人又问:"这种照明器的性能先进在什么地方?"

汤姆又搔了搔头皮,反反复复地说:"造型新,寿命长,节电。"接着,负责人借故离开了办公室,只剩下汤姆一人。等了一会儿,汤姆感到无聊,便非常随便地抄起办公桌上的电话,同一个朋友闲谈起来。这时,门被推开,进来的却不是那位负责人,而是办公室秘书。

不用说,汤姆的交易泡汤了。而他失败的原因,就是在客户面前失了礼仪，做事肆无忌惮，根本不照顾对方的感受。这种傲慢、无知的做法会招致讨厌，生意自然谈不成了。

在任何时候、任何场合，面对任何人，都要保持礼貌，都要表现出一副温文尔雅的姿态。不要以职位、气势压人，更不可摆架子。用良好的礼仪建立你与他人的关系，获得他人的认同，而不是靠粗俗无礼让人生厌。

行为举止是一个人精神面貌的体现，是一个人自身素养在生活和行为方面的反映，也是映现一个人涵养的一面镜子。言谈举止成为影响办事效果的一个重要因素。良好而优雅的行为举止是哈佛的要求，体现了哈佛人内在涵养的尊贵。我们可能学不到哈佛的学术，但是，哈佛的礼仪每个人都能学得到。

哈佛式的人格魅力：遵守道德规则

哈佛大学教授迈克尔·桑德尔，曾经在哈佛大学讲授正义论课程，结果广受欢迎。在讲座开始的时候，他询问学生对"电车难题"的反应。所谓"电车难题"是牛津大学哲学教授菲利帕·富特提出的思想实验，最早见于1967年《堕胎问题与双重效果原理论》一文。

一列失控的电车正在冲向被绑在铁道上的5个人，他们肯定会被撞死。附近有一个人，他扳一下道岔，可以使电车驶上岔道，救下这5个人。但是岔道上有一个人，会被电车碾死。他该不该扳道岔？

后来，美国麻省理工学院的朱迪斯·托马斯提出另一个设想：同一列电车会碾死5个人。这次，你站在铁路上方的一座桥上，身旁有一个胖子。如果你把他推下桥，落到铁轨上，他的身躯可以挡住电车，救下那5个人，但他会被碾死。你应该推还是不推？

经过广泛的调查发现，90%的人会选择牺牲那个在岔道上的人，但不会选择把胖子推下去。但在这两种情况下，都是一个人被碾死，救下了另外5个人。那么，它们在道德上的差别是什么呢？

罗格斯大学教授杰夫·麦克马汉认为，"电车难题"使托马斯·阿奎那在13世纪建立起来的双重效果论变得更重要了。

阿奎那提出了正义的战争需要符合的原则，他是历史上首位勾勒出双重结果论的人。他认为，如果一个行为有好的结果，也有坏的结果，但坏结果并非有意造成的，且整体上好结果大于坏结果，它就是被允许的。

如果把双重结果论运用于电车难题上，其论证就是，在第一种情况下，电车司机并没有有意要碾死岔道上的那个人。如果你调整电车的方向，而岔道上的那个人奇迹般地逃开了，你会很高兴。但在第二种情况下，你是有意要让胖子送死。如果他从铁道上跳开，逃出电车的行进路线，那将阻止你实现你的目标，因为那5个人还是会被碾死。

在课堂上，哈佛大学的学生都不赞成杀死那个胖子。他们解释说，这两种情形之间的区别，就如同在知道会有平民伤亡的情况下瞄准一个军事设施，与故意杀死平民之间的区别。显然，老师教学生自己做道德决定，而不是盲目地遵守道德规则。这就是哈佛大学在教育上与众不同的地方。我们也能发现，哈佛人崇尚的是厚道的内在品质。

不知什么时候"做人要厚道"这句话开始流行起来了。翻阅老子的智慧我们发现了这样一句话："大丈夫处其厚，不居其薄；处其实，不居其华，故去彼取此。"由此看来，先哲老子在很早的时候就已经很推崇这个"做人要厚道"的思想了，他认为厚道处世的人才算得上是正人君子。

"老实厚道"是做人的一种态度，而聪明有时是思考问题的一种高度。为人善良是做人的一种高度，从某些角度说，"老实厚道"却也是一种聪明的表现。

一个智商极高的学生，如果他不老实，做人缺少一些善良，他在与人交往的过程中，就会处处展示自己的聪明，更会因此出现很多缺点，像自以为是、狡猾，甚至会有一点奸诈，且不说他会因此得罪人而阻碍了自己成为天才的道路。头脑中过于复杂的思考，也会分流他的聪明才智，使他没有过度的精力去用于正道。而老实厚道的学生，会把聪明藏在心里，一边是老老实实地做人，一边是把所有的精力都用于正道。因为在学生的脑海里没有太多的杂事，所以他会把所有的智慧都投入到正事上去。

哈佛的学生智商都是极高的，所以哈佛尤为注重德育建设。他们按照道德修养去评判一个人的层次。从言语到行动，从大体到细节，事事时时都注重对学生厚道德行的塑造。

讲话是一门艺术，更是哈佛的另一种学问

哈佛大学校长查尔斯·威廉·埃利奥特说："在对一个淑女或者绅士的终生教育中，我认为只有一种智力的开发是必要的，那便是精确而优雅地运用母语进行交流。"

与其他能力相比，善于交流更有利于我们给他人，尤其是那些并不完全了解我们的人留下一个好印象。

然而，人们并不是一开始就善于言辞的。从木讷寡言到能说会道，这是一个艰苦的训练过程。当我们达成的时候，就可以依靠这种出众的交际能力来取悦他人，来轻松地吸引听众的注意，来以优美的语言使听众进入意兴盎然的境界。是的，健谈不仅可以使你给陌生人留下一个良好的印象，还能够为你带来新的友谊。它将为你打开一扇扇心灵之门，使你在团体中出类拔萃、引人注目；在你处于贫贱之时，健谈也能够助你平步青云，节节攀升；在你取得成就之后，健谈还可以使你百尺竿头更进一步，轻松跻身于上流社会。能言善辩之人都深谙讲话的艺术，他们能够娴熟地驾驭语言，能够通过最为人们感兴趣的方式叙述各类事件，能够迅速地激发听众的好奇心。与那些与他能力不分伯仲的人相比，能说会道之人将凭借讲话的优势，使自己轻易地处于遥遥领先的地位。

如果你是一位音乐家，不论在音乐方面有多大的天赋，或者你耗费了

多少时间来改善自己的技艺，终其一生，你可能只能得到少数的几位知己，只能与很少数的一部分人谈论音乐方面的知识与心得。

或者你是一名画家，曾跟随过多位艺术大师进行绘画方面的学习。但是，除非你技艺超群，能够使自己的作品陈列到著名的艺术沙龙或画廊的墙壁上，否则没有多少人会认识你，你的心血也恐怕会因此而付诸东流。可是，如果你懂得交流的艺术，那么每一个和你打交道的人都可以通过交流领略你的人生大作。这是一幅生命的长卷，自你出生开始，一直到今日，你都在用心地一笔一划地勾勒描绘。任何一个知晓这幅作品的人，都可以做出自己的判断——这位作者到底是一位绘画大师，还是一个只知道信笔涂鸦的不入流画家。

事实上，每个人可能都做过一些让自己觉得骄傲的事情，而这些事情还尚未被他人知晓。但是，如果你很好地掌握了讲话的艺术，那么，任何与你交往的人都将被你的才华和事迹所打动。

作为一校之长，埃利奥特这样建议自己的学生："无论谈论什么，多交谈，尽可能地多交谈。同时，在交谈的过程中保持心情的愉悦与放松。如果做到了这一点，即使是令人尴尬和无聊的话题，你也不会让与你交谈的人有如此感觉。即使是一位渴望别人献殷勤的少女，也不会产生那样的感觉。"

是的，埃利奥特校长的建议是正确的。掌握讲话的技巧就是在于与人多交谈。对于那些缺乏自信、在社交场合感到拘束、无法融入别人谈话主题的人来说，这无疑是一种打开自我心门的灵丹妙药。

在现实生活中，健谈者一直都是社会的宠儿。曾经，有一位妇人十分擅长交流，以至于每个人都希望邀请她到自己的宴会中去。因为，她的言谈总能活跃气氛，使整个宴会在快乐的气氛中顺畅地进行。是的，这位妇人就是如此善于取悦他人。或许她有许多缺点，但是正是由于这一优势，人们仍然希望与她相处，仍然十分欣赏她的交际能力。

如果哪位教育部门能够将讲话变为一门课程，那么它必将成为一把威力惊人的交际利器。哈佛做到了。但是，我们要清楚的是，任何缺乏思想的谈话，任何不愿尽力去尝试以一种清晰、简练、有效的方式表达自我的谈话，都将成为喋喋不休的废话，充其量不过是区区的街谈巷议而已。很明显，这些废话无助于我们表达内心深处最美好的事物。唯有掌握了讲话的艺术，我们才能将其释放出来，幻化成天空中一道美丽的彩虹。

通过口才表达，展现最好的自我

人展示自己的方式有很多，比如通过形体、行为、表情、文字等等。但其中最重要的一种方式就是通过语言。纵观世界上的杰出人物，无不是善于用语言表达自己的大师。他们讲话时刚劲有力、风趣盎然、明辨是非、逻辑性强、无懈可击，给人以信心和鼓舞，极富激励作用。

一个能够通过语言充分展示自我的人，一般都是自信心极强的人。始终保持与各种各样人谈话时的自信心可以使白手起家的人变成巨富。我们每一个人都有自卑感，只是程度不同而已，具有良好心理素质的人对自卑感有着极强的抑制能力，他们的语言都是树立在自信的基础上的，他们能够利用自信的心理和语言克服自卑的障碍。

那么用什么样的语言表达方式才能充分展示自我呢？哈佛大学要求对口才感兴趣的学生必须要做到以下几点。

（1）必须明确想要表达的概念和中心思想，其思想的内涵必须表达的全面，让对方领会、接受，否则会造成误解。

（2）表达必须明朗、准确，千万不要含糊其辞，似是而非，让人听了半天没明白是什么意思。

（3）表达时要有顺序合理，条理分明，逻辑性强。

（4）表达时要注意言语内容与面部表情相结合，把握声调的运用，增强语言的感染力。

（5）切忌冗长、空洞，言之无物，反复强调。

（6）尽量少用绝对性、定论性的词汇，如"肯定是"、"保证会"、"绝对不可能"、"最好"等。

（7）要精神集中，问话、回答问题明朗准确，切忌分心走神，心不在焉。

在哈佛看来，一个人如能将以上几点充分掌握，运用自如，那么他就拥有了善于用语言表达自我的能力。另外，用语言表达自我很重要的一项内容是：要去说服别人，如果你没有说服别人，就很难证明你的语言能力，就不能不靠坚定的自信心和气度不凡的语言来打动对方，赢得对方。这也是哈佛大学要求学生必须做到的一点。

哈佛大学在引进人才上是不惜重金的。一次，为了动员一个刚刚做了一项重大发明的科技人员来哈佛工作，哈佛和其他高校展开了一场人才争夺战。后来，哈佛不再同别的学校讨价还价，而是在一次新闻发布会上用充满信心的口吻宣布："我们相信，他一定会来哈佛的。因为不管别人给他多高的薪水，我们都给他高出五倍的数额！"如此的自信，如此的气势，结果是可想而知的。

从某种程度讲，一个人是以一种语言形象立足社会的，他的语言形象和语言风格就是他内心世界和综合素质的展现。

林肯是个极有正义感的人，在他当律师的时候，有一天，一位老态龙钟的妇人来找他，哭诉自己被欺侮的事。

这位妇人是美国独立战争时一位烈士的遗孀，每月仅靠抚恤金维持风烛残年。前不久，出纳员要求她交付一笔手续费才准领钱，而这笔手续费将近抚恤金的一半，这分明是勒索。林肯听后怒不可遏。他安慰老太太，答应帮她打这个不同以往的、有凭据的官司。因为那个狡猾的出纳员是口头向她勒索的。法庭宣布开庭，在原告申诉之后，被告果然矢口否认。因无证据，形势对老妇人不利，这时林肯站起来，首先以真挚感情述评了独立战争前美国人民所受的深重苦难。

他说到，美国志士如何揭竿而起，怎样忍饥挨饿挣扎于冰天雪地，流尽最后一滴血。讲到这里，突然间他的情绪激动起来，言语中犹如夹枪带剑，锋芒直指那个企图勒索烈士遗孀的出纳员。他说："现在事实已成了奇迹。1776年的英烈早已长眠地下，可是他们老而可怜的遗孀，还在我们面前，要求代她申诉，不屑说，他们这才发现老太太从前也是位美丽非凡的少女，曾经有过幸福而愉快的家庭生活，不幸的是她已牺牲了一切，变得贫穷且一无所有。这才不得不向享受着先烈争取来的自由的我们请求援助和保护，请问，我们能熟视无睹吗？"

法庭中大多数人都被林肯的一番演说感动了，其判断结果可想而知。

一个杰出的哈佛人，会十分重视正确地运用语言来表达思想的重要性，他们善于抓住时机运用语言来表达自己，说服他人，让对方接受自己的思维和观点，赢得对方的尊重和爱戴。所以，我们要学会利用口才，展现一个最好的自己。

第08辑
哈佛从不去兜售它的学术，却向世界讲述它的幸福课

  2008年2月，哈佛大学结束了建校371年以来一直由男性统领的历史，拥有7名成员的哈佛理事会选举该校59岁的历史学家德鲁·吉尔平·福斯特女士为第28任校长。福斯特说："幸福是每个人努力的方向！所有人都关注它，期待得到它。我们有责任教好每个学生的专业课，但更有责任教会学生找到属于自己的幸福。"此后，哈佛幸福课风靡全球。

当你怀疑幸福，你就会丢失它

幸福是我们一生都在追求的目标。但是，对于什么是幸福，每个人却有各自不同的见解。正是这丰富多彩的见解，才让幸福充满了神秘感，变得让人难以捉摸。

我们总是喜欢借鉴他人的经验去判断自己的生活，这是我们作为社会人的一个主要特征。我们总是希望自己符合他人的期望，因为，我们会觉得只有满足了他人的要求，我们才实现了自身的价值，我们才可能获得幸福。

哈佛大学的泰勒·本·沙哈尔博士一直在倡导积极心理学，他所开设的课程成为哈佛大学最受欢迎的课程之一。沙哈尔博士所著的《幸福的方法》是探讨幸福的著作。在书中，他讲述了引起自己探讨幸福的动机。沙哈尔博士说：

"在我小的时候，人们特别羡慕壁球赛的冠军，所以，我觉得如果我能取得这个赛事的冠军，那么，我一定会获得其他人的称赞，我一定会获得幸福。16岁那年，我终于夺得了全国壁球比赛的冠军，但也是这个冠军改变了我对幸福的认识。

"我一直认为，胜利会给我带来充实感和幸福感，所以，在从事壁球运动的时候，我总是刻苦训练，希望有朝一日用胜利来充实内心的空虚。如我所愿，在得到冠军后，我欣喜若狂。我对自己的信念更是深信不疑——胜利可以带来快乐和幸福。

"可是在我晚上睡觉的时候，我尝试着再去回味一下那种胜利后的喜悦。忽然间，那胜利的感觉，那梦想成真的快乐一下子消失得无影无踪。我再次陷入空虚、迷惘的境地。我想，如果在如此顺利的情况下尚且不能感觉到幸福的话，我将到何处去寻找幸福呢？"

是啊，如果在顺境中我们尚且得不到幸福，那么，我们如何才能得到幸福呢？是否会有一种永恒的幸福呢？我们终究能得到幸福吗？当我们如此怀疑幸福的时候，我们已经丢失了幸福。

幸福是一种过程，就像真实是一种过程一样。我们不可能一下子就看到事实的真相，而是要随着事件的不断发展，来逐步了解事件的真实。幸福也是如此。幸福不是一刹那的感觉，也不是一瞬间的永恒。它总是在不同的情绪之间缓慢地酝酿。我们不应该怀疑一瞬间的幸福，也不应该拒绝一时的悲伤。它们都是我们通往永恒幸福的必然之路。如果你选择怀疑自己此时此刻的幸福，那么你必将永远失去幸福。

有一个年轻人曾说自己非常幸福，但是自己的怀疑毁了自己的幸福。事情是这样的：

这个年轻人和一个姑娘相恋了，他们彼此相爱对方，感觉十分幸福。为了获得更大的幸福，他们决定结婚。婚后，他们买下了一幢公寓，而且经常出去旅游，这个年轻人觉得自己是世界上最幸福的人。

可是，当他和自己的朋友聚会的时候，他经常听到朋友对自己说，"你们现在确实很幸福，可是看看琼斯他们两口子，看看史密斯他们一家，他们都曾经和你一样幸福，甚至看起来比你更幸福，可是，你再看他们现在，你觉得他们现在幸福吗？"

这样的话，年轻人听了很多。他慢慢开始怀疑自己是否真正的幸福，或者自己目前的幸福只是在预示着日后的不幸。他发现，当他这样的想法越来越强烈的时候，他的生活也开始每况愈下了。他和妻子开始争吵，他们两个又相继丢了工作，不得不变卖了公寓搬回到自己母亲家里。

如果这个年轻人运用选择的力量，摒弃朋友们那些消极的影响，那么，我相信，这个年轻人还可以重拾幸福。

幸福是什么？这是个亘古不变的问题。虽然有人为幸福下了定义，但是大多数人仍然无法得到幸福。幸福或许就是我们一瞬间的情绪。这种情绪或者是开心，或者是兴奋，总之它能让你心情舒畅。我们总是害怕失去这种一瞬间的情绪，所以我们总是怀疑自己是否有能力抓住自己的幸福。殊不知，当我们开始害怕失去一种东西的时候，我们正在失去它。我们怀疑自己的能力，我们怀疑事物的真实性，这种怀疑会导致我们失去正确的判断。正如同热恋中的少男少女，虽然他们彼此情投意合，但还是不断地怀疑这份感情，想出种种方式来验证这份感情，结果，他们大多数人亲手毁掉了自己这份本来幸福的感情。

如果你想拥有幸福，那么在拥有的那一刻，你就不要再去怀疑。

拥有幸福时，你要告诉自己，幸福就是这样的，而且会一直这样下去。

投资美好，你的人生才会美丽

对美的热爱是一种不可替代的力量，它能升华人性，使其更加自然、丰富。人生中所能进行的最好投资，就是培养美的鉴赏力。这种能力一旦形成，它不仅会使你的人生旅途充满绚丽的色彩，还可以增加你人生的幸福感，提高你工作的效率。

哈佛大学一个心理学老师在学校里给自己的学生打造了一个"美之房间"。她在所有的窗户上都装上了彩色的玻璃，在沙发上铺上了具有东方格调的毛毯，还在墙壁上挂满了各种精美的图片、油画，其中包括一幅《西斯廷圣母》。

建成之后，学生们十分喜欢在里面小坐，尤其喜欢那五彩斑斓的玻璃。更让人惊讶的是，不知不觉间，这些学生在美丽事物的熏陶下，不仅变得优雅、高尚，而且变得更加细腻、体贴。其中有一个脾气暴躁的意大利男生，也在很短的时间内转变成了一个温文尔雅的人。当老师好奇地问他为什么这么乖时，这个男生指着墙上的圣母像说："怎么能让那么美的人看见我在做坏事呢！"

哈佛意识到，哈佛的任何理论、任何一门课程都不能像美这样发挥着巨大的威力。它是学生乃至人类借以与造物主对话的纽带。在面对这个庄严、宏伟和完美的大千世界时，只有沉思冥想，学生的灵魂才能有机会接近那神圣的美。也只有在那样的时刻，学生们才能感知到内心深处无穷的创造力。

无独有偶，19世纪英国艺术评论家罗斯金对于美充满了无限热爱之情。也正是对于美的热爱，使他的一生都充满了令人为之惊叹的魅力和温情。对美的不懈追求，使他在激发出强大进取动力的同时，还拥有了开阔的胸襟。他在沉醉于美的同时，心灵得到了净化，灵魂得到了升华。正是那种对自然和艺术之美的追求和理解，才使他的每一篇作品都具有无尽的热忱、真挚的感情与非凡的意义。

对美的追求，将对人们生活的安稳与和谐产生重要的推动作用。可是，我们却经常忽视身边的美好。虽然我们从不留心身边的美丽，但是，当我们邂逅美丽时，无论它以何种形式展现在我们面前——一幅绚丽多姿的经典画作，一次壮美的落日余晖，一张美丽清秀的脸庞，一片芳草凄凄的草地，都将使我们的情操和性情得到陶冶和升华。

哈佛大学总能让学生保持心灵对美的敏感。因为美能使学生神采奕奕、生机盎然，美能赐给学生无尽的活力、健康的灵魂。

对更多人来说，只要仍然执迷于将全部的才华、精力和能量用于追逐金钱，任由自己的社交能力、审美能力和身上一切高尚的事物陷入沉睡甚至荒废的境地，那么就不可能拥有美满的人生。执迷不悟，只会使我们急功近利，培养出一些可以为我们带来利益的技能，而其他的才华和天赋都将因此而衰退。一旦人性中美的一面无法生长，那么恶的一面必将繁荣昌盛。放纵自己的兽性，忽视生活中的美好，人类终将因此而付出惨重的代价。

所以说，美感和性情的培养至关重要。总有一天，我们的孩子不论在家中还是在学校，都将接受这样一种教育：美是造物主所赐予我们的最珍贵的一份礼物。我们不仅应将美视为一种神圣的教育手段，还应将其视为一方净土，让其永远保持纯洁和愉悦世人的本质。

让人生充满美好吧，这将是最明智的投资。它不仅可以陶冶你的情操，培养你对真善美的领悟能力，还可以让你从拜金主义的桎梏中解脱出来。恐怕在短暂的一生中，再没有其他什么投资能够获得如此丰厚的回报了。

一个老人曾经讲述过这样一个故事：

在一次旅途中，他与一位老妇人相邻而坐。他注意到，这位老妇人时不时地从车窗中探出头去，将一瓶粉末状的东西抛洒到车外，之后再从自己的手提包里面舀出一些粉末将之前的瓶子装满。

原来，这位老妇人是一位花卉爱好者，多年来始终笃行一句箴言："请沿途撒播鲜花，因为你可能永远都不会再次踏上这条旅程。"所以，这个老妇人便开始在乘坐火车的旅行中撒播花籽。渐渐地，这就成为了她的一种习惯。后来，铁轨沿线的风景渐渐因为她撒播的花籽而变得美丽起来。

正是因为老妇人不忘在沿途经过的地方洒下花籽，将对美的热爱化为对生活的热爱，人们才能够欣赏到一路美丽的风景。

如果人人都能够像这位老妇人一样，一路撒播美丽，那么我们这个世界必将成为美的天堂！

爱自己，是健康成熟的标志

"爱自己"，就是要把自己作为爱的对象。这不是让你自以为是，也不是让你自怜自艾，而是让你懂得自己、接受自己、尊重自己，将目光投射在自己的身体与灵魂之上。

当很多人在不遗余力地追求身外之物，比如金钱、地位、爱情……的时候。或许，人们追求的这些物质正是爱自己的表现，因为只有满足了自己的欲望，才能使自己感受到快乐，才能使自己体验到自我实现的价值。哈佛大学不否认每个人都有自己追求梦想、实现理想的权力。但它还要求学生们时不时地停一停，关照一下自己的身心。因为，很多学生在追求的道路上迷失了自己，他们看到的不再是目前的自己，而是未来的自己，是虚幻中的自己。当一个人把未来的自己——已经完美的自己作为行动的主体时，他就无法阻止欲望的无限膨胀，他会以超越自己能力的目标来鞭策自己继续前进。而这已经脱离了对自己的关爱，甚至说已经成为了一种对自己的虐待。因为此时，一个人已经分不清楚真正的自己到底是谁，他只会以幻想中的自己（或许可以理解为自己幻想中的他人）马首是瞻。迷失自我的人，已经是一种病态中的人，他已经无法再去关爱自己。

所以哈佛大学校长科南特说："适度的自爱是一个人健康的标志；适度的自重，对未来的人生都将大有裨益。"是啊，一个能够适度自爱的人，才能够冷静地分析自己，从容地接纳自己，理智地尊重自己。一个人只有学会"爱自己"，才能说他形成了健康成熟的生活方式。

一个成熟自爱的人，他不会陷入自己的幻想之中，他也不会以他人的优点来评判自己。这样的人，不会浪费精力去思考自己何处不如他人。比如，他不会去想自己为什么没有汤姆那么优雅，他也不会去想自己为什么没有乔治那么自信，他会把精力放在自我批评、自我修正上面。他会时刻把握自己的目标和动机，然后在追寻的道路上脚踏实地，一丝不苟。这样的人才是懂得自爱的人，他不会盲目地崇拜别人，他也不会虚幻地崇拜自己。

然而，很多人却因为虚幻地想象自己，盲目地崇拜他人，或者说极度地关爱自己，而导致自己精神分裂，最终迷失了自我。

有这样一个精神病人。她不仅渴望能够获得爱情上的满足，养育一个健康的孩子，而且还希望自己能够拥有崇高的社会地位。但是，她所有的希望都被现实粉碎。她的丈夫不仅不爱她，还离她而去，她始终没有生育孩子，更别说获得崇高的社会地位。终于，她无法忍受现实与梦想之间巨大的差距，疯掉了。她的精神产生了分裂，在她的幻想中，她相信自己嫁给了一个英国的贵族，并且坚持让别人称她为史密斯夫人。不仅如此，她还认为自己已经生育了一个孩子。

极度地自爱，极度地关注自己，让人的心理产生了畸变。我们生活在一个竞争激烈的社会之中，只强调物质上的成功、社会地位的价值，赶超别人，以及让自己成为他人的目标，这些都是造成现代人精神疾病的根源。

哈佛大学心理学教授罗伯特·W·怀特在《进步的生活：性格自然成长的研究》一书中，曾这样写道：

"现在有这样一种流行的观点，即任何人都应该不断地调整自己，以适应自己生存的环境。当我们不能改变世界的时候，我们就应当改变自己。其实，这是一种错误的观点。它让人觉得最成功的人都善于调整自己，改变自己，以适应相对稳定的生活模式、枯燥的生活规则、苛刻的外界环境，或者是屈从于成功的欲望，尽一切可能地去努力适应周围环境。事实上，这样做的结果只能使人迷失自我，失去成才和创新的可能性。总之，屈服环境，就会使人丧失自身的创造力和发展的潜力。"

是啊，现在有太多的人认同这样的观点，"不能改变世界，就要改变自己适应这个世界"。最初，他们因为自己独一无二的个性而与这个世界产生了冲突，这导致他们内心产生了恐慌。于是，他们急忙去寻找他人遗留下来的人生经验，并毫无保留地全盘接受。一个有棱角的人就是这样被生活打磨圆滑的。这样的人或许会为自己的八面玲珑、左右逢源而暗自欣喜，但是，他们却是一群不懂得自爱的人。因为，他们从来没有尊重过自己的意愿。

心中洒满阳光，就会不知烦恼为何物

传说有一种快乐藤，凡是得到这种藤的人，一定笑逐颜开，不知道烦恼为何物。

曾经有一个人，为了得到无尽的快乐，不惜跋山涉水，去找这种藤。他历尽千辛万苦，终于到了快乐藤生长的地方。在险峻的山崖上，他找到了这棵快乐藤。可是他虽然得到了快乐藤，却没有得到预期中的快乐，反而感到一种空虚和失落。

这天晚上，他在山上一位老人的屋中借宿，面对皎洁的月光，他发出了一声长长的叹息。老人问他："年轻人，什么事让你这样叹息呀？"

于是，他提出了心中的疑问："为什么已经得到快乐藤的自己，却没有得到快乐呢？"

老人一听就笑了，说："其实，快乐藤并非这里才有，人人心中都有。只要你有快乐的根，无论走到天涯海角，都能够得到快乐。"

"什么是快乐的根呢？"

老人说："心就是快乐的根。"

快乐是会心一笑，是发自内心的喜悦，它不是教科书里的专有名词，也不是什么严肃的理论，而是生活中的点点滴滴。

心理学家马修·杰波博士说："快乐纯粹是内发的，它的产生不是由于事物，而是由于不受环境拘束的个人举动所产生的观念、思想与态度。"

哈佛大学的老师经常这样告诉学生：如果我们做到用阳光的心来对待一切，时时检视自己，做到严于律己，并调整自己的期望值，许多情况就不会发生。生活在大千世界中的人在性格、爱好、职业、习惯等诸方面存在着很大的差异，对事物、问题的认识与理解也不尽相同。调整自身的心态，才能让阳光照耀到自己的心灵。

的确，我们也会有这样的感受：当停止疲于奔命的工作，用心灵观察世界时，我们会发现，生命本身就是一种快乐。当生活在欲求永无止境的状态时，我们永远无法体会更高一层的生活境界。不论是在什么环境中，所有快乐生活的秘诀都是发展内心的快乐。

曾经有位哈佛心理学家做了一个非常巧妙的实验：实验人员让两组参加者向同一位女士打电话。告诉第一组说，对方是一个冷酷、呆板、枯燥、乏味的人。告诉第二组说，对方是一个热情、活泼、开朗、有趣的人。结果，发现第二组的参加者与那位女士谈得很投机，通话时间也明显比第一组的参加者时间长。而第一组的参加者与女士的交谈很难顺利地进行下去。

出现这种情况的原因是显而易见的，你事先的预期或看法决定了你的交往方式，包括你的语言信息和非语言信息都会受到预先期待的影响。因此，只有乐观的人才能看见生命中的阳光，才能感受到别人的阳光魅力。

或许有人会说："我的生活中总是出现问题和麻烦，这让我如何快乐？"确实，生活就是由一连串的问题组成的。一个问题解决了，另外一个问题还会接踵而至。如果要快乐，现在就可以快乐起来，而不是"有条件"地快乐。

比伯是一家汽车公司的员工。一次机器故障，他的右眼受伤了，最终失明了。

比伯原本性格开朗，但现在却变得闷闷不乐。他害怕出门，害怕别人问他的眼睛。

比伯总是请假，没有了工资，家庭的所有开支都落在了妻子丽斯的肩上，而且丽斯晚上还兼了另一份工作，因为她很爱这个家，很爱比伯。丽斯相信，丈夫总有一天会从心中的阴影走出来的。

但祸不单行，比伯的受伤，也导致了另一只眼睛的视力的下降。在一个风和日丽的早晨，比伯看不清儿子在院子里踢球，丽斯惊讶地看着丈夫，在以前，儿子在更远的地方，他也能看到。

丽斯一句话也没说，走到丈夫身边，紧紧地抱住了他。

比伯说："亲爱的，我已经意识到了。"丽斯留下了感动的眼泪。

其实，对于现在的情形，丽斯早就知道了，她不想打击丈夫，并要求医生不要告诉自己的丈夫，怕他更加伤心。

可是，比伯知道自己要失明后，反而比以前平静了很多。丽斯知道比伯能看见的日子不多了，她想为丈夫留下更多的可以看见的美好时光。因此，她每天都穿得很漂亮，在比伯面前，她掩饰住悲伤，总是微笑。

几个月后的一天，比伯说："丽斯，我发现你新买的套裙，怎么那么旧了。"

丽斯说："是吗？"她偷偷地跑到一个偏僻的角落里，低声哭了。于是，她把手里的那件套裙的颜色刷成和家具、墙壁一样的颜色，焕然一新。

一个油漆匠也得知了比伯的情况。他对比伯说："现在，我把你家所有的东西都刷好了。"

比伯说："你每天都那么快乐，我真的为你开心。"油漆匠在算工钱的时候，少算了200美元。比伯说："你少算了工钱。"

油漆匠说："我已经算进去了，一个快要失明的人，还如此淡定。我从你的身上看到了勇气。"

但比伯却坚持要给油漆匠200美元，他说："你同样让我知道残疾人也可以自食其力，快乐生活，我也看到了生活的勇气。"

原来油漆匠只有一只胳膊。

保持一颗阳光的心,只有心灵充满阳光,让阳光照耀心灵,才能看见生命中的阳光,才能看见别人阳光的一面。

哈佛心理学家指出,生活在这个世界上,任何人都有压力。在情绪低落的时候,采取什么样的态度,决定了会有什么样的心情。

当我们感到难过时,不要抗拒它,试着放松。不要对抗自己的负面情绪,而应放松心情,从容面对。只有一条路可以通往快乐,那就是停止担心超乎我们意志力之外的事。自己所忧虑的事情,大部分都不曾发生过。人活着,如果整天担心这个,忧虑那个,岂不是活得太痛苦?这样,身体怎么会健康呢?大好时光,不要让忧愁占据了。当晨曦来临,就应当脱下睡衣,迅速起床,然后告诉自己:"这是快乐的一天,我要好好地干。"接着精神抖擞地出门。出去后,无论遇到长辈还是晚辈,熟悉的还是陌生的,高兴地与他们打招呼,说声:"早上好!"

在生活中,只要能找到心的天堂,你就能真正快乐。

哈佛的快乐哲学:快乐是"自找"的

《伊索寓言》中有这样一个家喻户晓的故事:一只饥饿的狐狸路过葡萄园时,发现架子上挂着一串串葡萄,垂涎三尺,可自己怎么也摘不到。就在很失望的时候,狐狸突然笑道:"那些葡萄没有长熟,还是酸溜溜的。"于是高高兴兴地走了。事实上,葡萄还是没吃到,狐狸仍然饿着肚子,但一句自我安慰的话让自己摆脱了沮丧,变得快乐起来。

哈佛心理学家解释,"酸葡萄甜柠檬定律"指当自己的行为不符合社会价值标准或未达到所追求的目标时,人们便有一种自我安慰的心理机制,即认为得不到的都是不好的,得到的则是好的。

寓言中的狐狸通过自我安慰,即使没吃到想要的葡萄也很开心,这就属于典型的酸葡萄心理。这种心理属于人类心理防卫功能的一种。哈佛专家研究发现，当人们自己的需求无法得到满足，便会产生挫折感，为了解除内心的不悦与不安，人们就会编造一些理由自我安慰，使自己从不满等消极心理状态中解脱出来。

实际生活中，酸葡萄式的自我安慰比比皆是。例如，没有找到对象的单身族，常常会说"一个人最好，多自在啊"；没考上名牌大学的人，常常会说"读名牌大学有什么好，竞争那么激烈，早晚会累得变态"；有些人考试仅仅及格，而同桌得了优秀，于是就想"一看就是抄袭，投机取巧，没什么了不起的"……

与酸葡萄心理相对应的，是甜柠檬心理。它指人们对得到的东西，尽管不喜欢或不满意，也坚持认为是好的。就好像一个人拿着没熟的柠檬，明知柠檬熟透了才甜，但是手上只有没熟的，就说自己的柠檬味道一定很好，会特别甜，何况有柠檬总比没有的好，这同样是内心的一种自我安慰。

现实中，人们的甜柠檬心理也比较普遍。例如，你买了一双鞋子，回来后觉得价钱太贵，颜色也不如意，但你和别人说起时，你可能会强调这是今年最流行的款式，质地是高档皮料，即使价格贵点也值得。还有，虽然你知道自己的爱人有不少缺点，但在外人面前，你往往喜欢夸奖他的优点。

关于酸葡萄甜柠檬定律，心理学上有一个有趣的实验对此进行了间接的证明。

哈佛大学的心理学家招募了一定数量的学生从事两项枯燥乏味的工作。一件是转动计分板上的48个木钉，每根钉子顺时针转1/4圈，再逆时针转回，反反复复进行半个小时。另一件是将一大把汤匙装进一个盘子，再一把把地拿出来，然后再放进去，来来回回半个小时。

学生们完成工作后，分别得到了1美元或20美元的奖励，同时，心理学家要求他们告诉下一个来做实验的人这个工作十分有趣。

结果发现，与一般的预期相反，得到1美元奖励的人反而认为工作比较有趣。

这在一定程度上证明了，人们对已经发生的不满意或不好的事情，倾向于通过自我安慰，把事情造成的不愉快等消极影响减轻。

在美国大征兵中，哈佛大学有位学生被选中，即将到最艰苦、最危险的海军陆战队去服役。

自从知道自己会在海军陆战队服役的消息后，这位年轻人便忧心忡忡、心神不宁。他的老师见他整天一副魂不守舍的样子，便对他说："孩子呀，这有什么好担心的。即使你到了海军陆战队，你还有两种可能，要么留在内勤处，要么是派送到外勤部门。你要是分到了内勤处，就完全用不着担心受苦受累了。"

学生沮丧地说："那要是我不幸被派送到了外勤部门呢？"

老师说："那你同样会有两种可能，要么是留在美国，要么是派送到国外的某个军事基地。如果你被留在了美国，那又有什么好可怕的呢？"

学生问："那么，要是派送到国外的基地呢？"

老师说："那也还有两种可能，要么是被派送到和平地区，要么是被派到爆发战争的地区。如果把你派送到和平的国家，那也没有什么可怕的呀！"

学生又问："那我要是不幸被派送到爆发战争的地区呢？"

老师说："你同样也会有两种可能，要么是留在总部，要么是被派送到前线去参加作战。如果你被派送到总部，你同样不用担心。"

"那么，若是我不幸被派往前线作战呢？"

老师说："那同样还有两种可能，要么是安全归来，要么是不幸负伤。如果你能够安全回来，现在的担心岂不是多余的？"

"那要是不幸负伤了呢？"

老师说："这也有两种可能，要么是负点轻伤，没有任何生命危险；要么是身受重伤，危及生命安全。如果只是负了点于生命并无大碍的轻伤，那又何必过分担心呢？"

学生又问："那要是不幸负重伤呢？"

老师说："你同样有两种可能，要么是依然能够保全生命，要么是完全治疗无效。如果你能保全性命，那还担心它干什么？"

学生再问："那要是自己活不过来怎么办呢？"

老师听后哈哈大笑着说："那你人都死了，你就什么都不要担心了！再说，那么多机会，你怎么知道你得到的就是最糟糕的一个呢？"

哈佛大学的每个老师都会用辩证的观点看问题，这成为了哈佛大学的快乐哲学。通过这个故事，我们可以发现，对于同一件事，如果从不同的角度去看，结论就会不同，心情也会不一样。例如，当你失恋时，与其沉浸在痛苦烦恼中，不如想一想，下一次遇到的人会比错过的这个好很多；当你遇到挫折时，可以想想从失败中吸取教训也是一种收获；当遇到丢东西等倒霉事时，不妨想想现实中几乎所有事情都存在积极性和消极性，如果你只看到消极的一面，就会令自己陷入低落、郁闷之中，如果换个角度，从积极的一面去看，也许就会豁然开朗。

人生在于怎么活，苦日子也能甜过

何为苦？心苦才为苦；何为甜？快乐就是甜。穷不是苦，累不是苦，心情不好才是苦。物质上的满足远不如精神上的满足对于一个人更重要，只有让自己的心快乐才是真正的快乐。很多时候，人生的快乐与否，完全取决于个人对生活的看法如何。

哈佛大学对什么是苦、什么是乐有个经典的诠释："很多时候，决定我们情绪的不是外物，而是我们的心态，我们的心情随心而动，要想获得人生的快乐，就应该学会掌控我们的心。"哈佛大学威廉教授的故事是这句话最好的诠释。

威廉教授曾经经历过无数次生活的打击：儿子出车祸瘫痪、妻子患重病住院、遭遇下岗、自己工作时负了工伤……如此倒霉，人们总以为威廉教授可能会丧失生活的信心，可是出乎意料的是，他几乎每天都是笑呵呵的，活得很快乐。

人们都很纳闷，问他为什么还能保持这种乐观的心态，威廉教授说：

"其实，我的快乐都是伪装出来的。儿子出车祸时，我撕心裂肺地痛，但我知道，再难过，也得面对现实，如果我因为难过而把自己打垮了，谁来照顾瘫痪的儿子呢？难过不能解决任何问题，所以我只能假装快乐，我的儿子看到我乐观的样子，他痛苦的内心也就慢慢平静下来了，慢慢地，我们也就真的不再悲痛欲绝了。

"妻子患重病住院时，我心里很难过，但我还是告诉自己，我必须快乐起来，因为我的快乐会给予妻子更多康复的信心；遭遇下岗时，我也曾经万念俱灰，但我又想，下岗后，也许还可以再换一份更适合我的工作，于是我一边假装快乐，一边找工作，别说，后来还真的找了一份很不错的工作；工作时负了工伤后，我告诉自己，既然摊上了，就面对吧，正好还可以趁这个时候好好休息休息。

"就这样，我一直在伪装快乐，后来我发现，伪装快乐也是可以让人感到快乐的，它们一次又一次地伴随着我渡过了难关。"

可见，坏情绪可以改变，好心情也可以"伪装"。只要你不失信心，常常激励自己，你就能将好情绪留在身边，坏情绪自然也就不再来搅扰你了。

当生活的不如意出现时，把注意力集中到事情的本身上，不如转移到关注自己的情绪本身，因为改善情绪比解决问题更重要，只有调整好情绪，才有精力去解决事情，不是吗？

汤姆家住在大山深处，交通不便，只有几十户人家。几十年前，那里家家穷得叮当响，人人穿不暖吃不饱。一到冬天，人们像往年一样"宅"在家里，空着肚子，焦急地等待着春天的到来。

一天，汤姆挨家挨户地找到自己的同龄人说："到我家去喝酒吃肉。"

人们很诧异，大家都知道，汤姆家是最穷的一家，哪来酒肉招待大家呢？况且大家都很穷。虽然充满疑惑，但汤姆的话还是很有诱惑，于是，一群年轻人来到他的家。

来到汤姆家一看，原来，所谓的肉，就是在碗里放上肉一样的木块，还有鹅卵石充当鸡蛋。所谓的酒，就是白开水。

一群年轻人在失望之余，倒想起了小时候过家家，于是干脆就坐下，开始"吃喝"起来。这群年轻人开心极了，有的还唱起了歌。

村里有人说，这群孩子，真是穷开心。但是，从那以后，一到冬天，汤姆家就会热闹了起来，这群年轻人不再空着肚子蜗居在家里，而是开心地像演戏一样吃喝，像演员一样唱戏。汤姆家成了戏场，成了乐园。

看看，水当酒，木当肉，穷苦的日子也可以过得开心、过得甜。其实，在人生旅途中苦难只是偶尔掠过的一段风景，短暂一些的，只是停留须臾就会过去；长一点的，如果自己一个人等得实在太寂寞，也可以找人倾诉，实在不行就干脆下车，欣赏一下周边的风景也是好的。

还有，无论什么时候，都不要忘记用一颗乐观的心去憧憬未来，这样，一个人才会有生活下去的动力。能够让自己获得快乐的心情是一种能力，一个能让自己在不快乐时依然保持微笑的人，是生活的智者。

我们常说"快乐是一天，痛苦也是一天"，当困境对我们的身心进行双重攻击的时候，我们何必还要自己折磨自己，往自己的伤口上撒盐呢？只要有一颗敞亮的心，眼前一片漆黑也能感受到光明；只要有一颗乐观的心，再苦的日子也可以如蜜一样甜。

第09辑
育人治学有大聪明，与人相处用大智慧

"从某种意义上说，哈佛是在做一项教育实验，强调人们之间的相互了解、相互学习，使他们更人文地去了解对方。让学生学会和他人充分地交流思想，知道别人是怎样想的，这是哈佛教给学生的一种为人处世的方法。"在美国哈佛大学担任校长十年、现任哈佛名誉校长的陆登庭先生表达了这样的观点。

哈佛相信:越接触越有好感

哈佛心理学家曾经做过这样一个实验:在一所中学选取了一个班的学生作为实验对象。心理学家每天在黑板上不起眼的角落里写下一些奇怪的单词。这个班的学生每天到校时,都会瞥见那些写在黑板角落里的奇怪的英文单词。这些单词显然不是即将要学的课文中的一部分,但它们已作为班级背景的不显眼的一部分被接受了。

班上的很多学生都没发现这些单词在以一种特殊的方式改变着——一些单词只出现过一次,而一些却出现了25次之多。学期结束时,这个班上的学生接到了一份问卷,要求对一个单词表的满意度进行评估,列在表中的是这学期曾出现在黑板上的所有单词。

问卷回收后,心理学家经过统计发现:那些出现频率较高的单词所获得的满意度也较高;相反地,那些只出现过一次的单词仅获得了极低的满意度。

哈佛心理学家解释说,有关单词的这个研究证明,某个刺激的重复呈现会增加这个刺激的评估正向性几率。与"熟悉产生厌恶"的传统观念相反,这个实验说明某个事物呈现次数越多,人们越可能喜欢它。这就是"曝光效应"。

在人际交往中,曝光效应也同样适用。这就是说,随着交往次数的增加,人们之间越容易形成重要的关系。一般来说,交往的频率越高,刺激对方的机会越多,"重复呈现"的次数越多,就越容易形成密切的关系。两个人从不相识到相识再到关系密切,交往的频率往往是一个重要的条件。没有一定的交往,情感、友谊就无法建立。哈佛专家研究发现,当所有其他因素相等时，一个人在另一个人面前出现的次数越多，对那个人的吸引力就越大。

因而，在与人交往的时候，要想得到别人的喜欢，就得让别人熟悉你，而熟识程度是与交往次数直接相关的。交往的次数越多，心理上的距离就越近，就越容易产生共同的经验，建立友谊，由此形成良好的人际关系。例如教师和学生、领导和秘书等，由于工作的需要，交往的次数多，所以较容易建立亲近的人际关系。

美国心理学家扎琼克在1968年曾经进行了交往次数与人际吸引力的实验研究。他将被试者不认识的12张照片随机地分为6组，每组2张，按照下面的方式展示给被试者：第一组2张只看1次，第二组2张看2次，第三组2张看5次，第四组2张看10次，第五组2张看25次，第六组2张被试者从未看过。看完全部照片后，实验者向被试者出示了全部12张照片，要求被试者按照自己喜欢的程度将照片排序。结果发现：照片被看的次数越多，被选择排在最前面的机会也越多。由此可见，简单的呈现确实会增加吸引力，彼此接近、常常见面的确是建立良好人际关系的必要条件。

不过，所谓距离产生美，任何事情都存在一个度的问题。哈佛心理学家指出，有些心理学家孤立地把研究重点放在交往的次数上，过分注重交往的形式，而忽略了人们之间交往的内容、交往的性质，这是不恰当的。实际上，交往次数和频率并不能给我们带来预想的结果，有时，反而会适得其反。

毫不吝惜地赞美，毫无保留地请教

在生活中，赞美无处不在。当你以请教的口吻称赞你的消费者说："格林夫人，您穿上这件衣服越发显得年轻漂亮，而且更有气质了。"她就会高兴地说："那就给我包起来吧，我买了。"为什么一句话就能够让客户下定决心购买？哈佛心理学家解释说，这就是赞美的力量，因为对方得到了极大的心理满足。

何为赞美？赞美就是将对方身上确实存在的优点强调给对方听。那么何为请教？请教就是挖掘出对方身上的优点并请求对方进行传授和分享。哈佛心理专家研究发现，在现实生活中，每个人都渴望得到别人的赞美和欣赏，更希望别人向他请教，从而体现出自身的价值，获得心理的满足感和优越感。

从心理需求的角度来讲，喜欢听到别人的赞美，希望得到别人的认可是人之常情，无可厚非，因为没有任何人会喜欢否定和指责。哈佛心理学家威廉·詹姆斯说："人类最基本的相同点，就是渴望被别人欣赏和成为重要人物的欲望。"

作为一名销售人员，更要学会赞美和欣赏自己的客户，真诚地给客户以赞美，并针对客户的优势适当地请教客户问题，多加肯定。掌握赞美和请教的技巧，让客户喜欢你、相信你、接受你，从而购买你的商品。

柯勒是一名汽车推销员，近日，他曾多次拜访一位负责公司采购的德雷顿先生，在向对方介绍了公司的汽车性能及售后服务等优势以后，德雷顿先生虽表示认同，但一直没有明确表态，柯勒也拿不准客户到底想要什么样的车。

久攻不下，柯勒决定改变策略。

柯勒："德雷顿先生，我已经拜访您好多次了，可以说您已经非常了解本公司汽车的性能，也满意本公司的售后服务，而且汽车的价格也合理，我知道德雷顿先生是销售界的前辈，我在您面前销售东西实在压力很大。我今天来，不是向您销售汽车的，而是请德雷顿先生本着爱护晚辈的胸怀指点一下，我哪些地方做得不好，让我能在日后的工作中加以改善。"

德雷顿先生："你做得很不错，人也很勤快，对汽车的性能了解得也非常清楚，看你这么诚恳，我就给你透个底儿：这一次我们要替公司的10位经理换车，当然所换的车一定比他们现在的车子要更高级一些，以激励他们，但价钱不能比现在的贵，否则短期内我宁可不换。"

柯勒："德雷顿先生，您不愧是一位好老板，今天真是又学到了新的东西。德雷顿先生，我给您推荐的车是由德国装配直接进口的，成本偏高，我们公司月底将进口成本较低的同级车，如果德雷顿先生一次购买10辆，我将尽力说服公司以达到您的预算目标。"

德雷顿先生："贵公司如果有这种车，倒替我解决了换车的难题！"

月底，德雷顿先生与柯勒签署了购车合同。

虽然整个过程中，柯勒基本上没有特意去提让德雷顿先生买车的事情，但是他对德雷顿先生的事业给予了真诚的赞美，因此轻而易举就赢得了德雷顿先生的心。最后德雷顿先生不但买了车，而且一买就是10辆。由此可见，真诚赞美客户对于销售员来说是多么重要。通过赞美和请教，让客户的心理得到满足，客户就会让你的销售目标得到满足。

哈佛心理专家指出，在与人接触时，要善于发现对方的优点，并真诚地给予赞美。当然我们不能为了赞美而赞美，说些虚伪的话，而应该真诚，发自内心。夸张的赞美会使人产生受愚弄的感觉，反而不好，而委婉、贴切、得体的赞美却能够使人回味无穷，喜不自禁。

要想成为一流的交际家，获得别人的好感，就要能够在最短的时间里找出对方更多的优点，并大声地告诉他，进而俘获对方的心。

哈佛的交往原则：道不同不相为谋

耶鲁大学成立于1701年，比哈佛大学晚65年。所以，哈佛与耶鲁的关系，一直犹如兄长待小兄弟一样，他们本来该是一家人的，但由于一些人的意见不同而不得不分为两个整体。这就更引起了人们的关注，一心想了解其中的原因。

首先，耶鲁大学的成立，要从哈佛大学的一批毕业生说起。17世纪下半叶，哈佛大学的办学越来越脱离清教徒的教义，开始走向学术自由化。这引起了部分哈佛大学毕业生（他们大多是公理派教会的信徒）的强烈不满，他们指责校方在办学上的日益放松，要求恢复原来的清教徒教义。可院方并没有理会他们的要求。

无奈之下，这些人于1701年在康涅狄格州的纽黑文镇另建了一所学院，把它取名为康州联合学校，并推举哈佛大学毕业生亚伯拉罕·皮尔逊做第一任校长。1718年，另一位名叫考顿·麻特的哈佛毕业生给这所学校起了一个新校名耶鲁学院，以感谢英国商人伊莱休·耶鲁对学院的慷慨捐赠（价值562英镑的货物和417本图书）。有趣的是，麻特本人却不受哈佛大学的青睐，他一直渴望成为哈佛大学的校长（他父亲曾出任过哈佛大学代校长），却两次遭到校董事会拒绝。对此，麻特一直愤愤不平。

随着岁月的流逝，哈佛大学和耶鲁大学之间表面上在办学思想上的"恩怨"越来越小，却在体育竞赛上的"恩怨"越积越深。特别是19世纪末以来，哈佛大学与耶鲁大学之间的年度橄榄球比赛，一直是两校学生的盛事。如果是哈佛的校队赢得了年度比赛，则在这一年中哈佛的学生都感到压着耶鲁的学生一筹。相反，如果是耶鲁的校队赢得了年度比赛，则在这一个中耶鲁的学生都得意洋洋。像这样看重一场赛事的学校，在美国只有哈佛和耶鲁两家。这种矛盾使两家很难合作,最后只能各行其是。

至此,虽说哈佛与耶鲁之间在教学理念上逐渐趋同,本可博人一笑,但将这种"宿怨"用比赛来延续,又着实让人哭笑不得。

这能说明个什么问题呢?

"道不同不相为谋",否则会使双方的恩恩怨怨连接不断。有鉴于此,在选择与人相处时千万要注意这点,不要"合不来"硬往一块凑。这样谁都看对方别扭,怎么都不顺眼。结果只能多结点"恩恩怨怨"。

有时候,你会发现许多人经常因为意见不同而争论不休,甚至争得面红耳赤,最后只能愤愤地拂袖而去。

面对这种情况,到底该怎么办呢?既然观念不同,就不妨各行其是,没必要非要掺和在一起。这样不但事情办不好,而且还能影响彼此之间的和气。志向不同便会产生好多方面的不同,诸如语言不同,意见不同,等等。

为什么会有志向不同呢?究其根本原因,主要是出发点不同,思想理念不同,行为方式不同,价值取向不同等造成的。道不同的人视同水火,是很难兼容的。只有先把握好这个原则,你才会成为一个成功者。下面就请你欣赏一下俄罗斯前总统叶利钦是如何把握这一原则的。

叶利钦突然宣布辞职,正如他在电视讲话中所言,这个决定"经过了长期和痛苦的思考"。

从1998年起,俄罗斯总理府走马灯似地频频换人,令人眼花缭乱。人们纷纷猜测这位嗜权如命的总统是想通过这一手段制造俄罗斯政局的混乱,为自己第三次连任总统埋下伏笔。如今回顾起来,其实叶利钦是在琢磨另一件事:如何体面地退出政治舞台,并选择志同道合的接班人来延续他的政治生命。

切尔诺梅尔金稳健持重,多年来"心甘情愿"地隐藏在叶利钦的影子里。当有人以总统健康恶化为由策动他取而代之时,他公开表示忠心;1996年大选时,切尔诺梅尔金呼声很高,但他反复强调不同叶利钦争当候选人。这系列举动使疑心颇重的叶利钦既放心又感动。然而，忍耐了这么久，切尔诺梅尔金还是心急了。叶利钦刚刚宣布不再参加下届总统选举，切尔诺梅尔金便急不可待地要挑战这一职位，显然他对总统宝座觊觎已久了。

叶利钦暗自庆幸身边的老狐狸终于露出了尾巴，于是借口切尔诺梅尔金执行的改革政策过于温和，将这个政坛"不倒翁"掀翻在地，并低声说了一句"道不同不相为谋"。就这样切尔诺梅尔金被彻底打倒了。

吸取了切尔诺梅尔金惯于老谋深算的教训，叶利钦挑选了政府中年纪最轻，资历最浅的基里延科接任总理一职，诚惶诚恐的基里延科上台后，恪尽职守，努力工作，对总统言听计从。

这对叶利钦来说自然是心满意足，可议会却并不买账。在基里延科问题上表示很大不满，处处与之作对，并以1998年8月的那场经济危机为由要求总统自愿辞职。为了稳住阵脚，保住权力，叶利钦只有舍车保帅。

普里马科夫临危受命，这个得到议会支持的政坛老将起用了一批左派成员担任政府要职，并对俄罗斯改革进行了大胆批评。他在一系列经济政策上，特别是结束了激进的经济改革，重新评价私有化进程，以及加强国家对国有资产的控制等政策上与叶利钦相左，同时直接触及了工业集团和金融寡头们的利益。

叶利钦从未把普里马科夫政府看成是"自己"的政府，因为他从来没有把普里马科夫看成是志同道合的同志，他们的意见一向都有分歧，也因为志向的不同形成了改革与执政方法的很大不同。这样很明显普里马科夫成了叶利钦总统暂时向议会妥协的过渡性人物。当普里马科夫政府结束金融危机，帮助叶利钦渡过难关之后，在叶利钦的胁迫下，只有走解散政府这条道了。此后叶利钦又嘀咕一句"道不同不相为谋"的话。

斯杰帕申政府的使命是使俄罗斯重新回到总统坚持和欣赏的激进改革的轨道上来，并在杜马选举前有效地阻止反对派的联合与强大。鉴于叶利钦的为人很有争议，加上斯杰帕申对总统做法持反对意见，所以在阻止"祖国运动"和"全俄罗斯"的结盟中有抵触情绪，又没有有效控制达克吉斯坦的战火，在处理与其他政党的关系上"心慈手软"，并流露出要跳出总统手掌心的念头，这些都使叶利钦十分不快。既然斯杰帕申不严格贯彻自己的旨意，在叶利钦看来就是不欣赏这位总理，鉴于"道不同不相于为谋"的原则，也只有对不起了。

就这样，叶利钦抱着"道不同不相为谋"的原则排除异己，致使俄罗斯总理府象走马灯似地频频更换领导人。

我们无意评介俄罗斯政局，只是就事论事。"道不同不相为谋"就是这样，没有一个共同的观点，没有一个共同的认识休想在一起共事，更不用说前程未卜的政界了。凡是能在一起合作的人必定要有共同的志向，这样才能维护共同的利益，同舟共济。

寻找切入点：有共同语言才会更好地沟通

在现代化日益深入的今天，社会分工越来越细致，也越来越专业。在社会生活中，我们一点一滴的行为都离不开这个社会群体的其他成员。在处理任何一件事情的时候，都离不开他人的理解、帮助与支持。社会分工的形成，需要彼此间的协作，但在很多时候，我们都为人与人之间的冷漠而感到害怕。

有一位学生问哈佛公共关系学的尼尔森教授："与人沟通，最难的是初次见面。不知有没有好的方法使初次见面的人马上就能接近。"

尼尔森教授解释说："要使初次见面的人与你接近，最好的方法是找出两人的共同点，即使是很小的共同点也无所谓，共同点越多，距离也就越近，这样一来，事情就好办多了。"

"你若想将对方说服，可以这样说：'一见面，我就觉得咱们之间有一个共同点。'听到这话,对方会很感兴趣,问:'是什么?'"

"'就是我们双方都有解决这个问题的热忱。既然如此,我们不妨继续努力,一定可以找出其他共同点。'"

"由于你一再强调共同点,对方自然而然就会慢慢地开启他的心扉。"

"为了使他有更深刻的感觉,你必须一再地重复这些共同点,看起来即使是毫无意义,但能产生意想不到的效果。例如:同校的毕业生,同一老师教过,去过相同地方等等。"

尼尔森教授的意思很明显:寻找切入点,就是要在交际双方的经历、志趣、追求、爱好等方面寻找共同点,诱发共同语言为交际创造一个良好的氛围,进而赢得对方的支持与合作。很多事例说明了教授的这个观点。

一位日本议员会见埃及总统纳赛尔,由于两人的性格、经历、生活情趣、政治抱负相距甚远,总统对这位日本议员不大感兴趣。日本议员为了不辱使命,搞好与埃及当局的关系,会见前进行了多方面的分析,最后决定以套近乎的方式打动纳赛尔,以达到会谈的目的。

议员:阁下,尼罗河与纳赛尔,在我们日本是妇孺皆知的。我与其称阁下为总统,不如称您为上校吧(纳赛尔以前是上校)。因为我也曾是军人,也和您一样,跟英国人打过仗。

纳赛尔:唔……

议员:英国人骂您是"尼罗河的希特勒",他们也骂我是"马来西亚之虎",我读过阁下的《革命哲学》,曾把它同希特勒的《我的奋斗》做比较,发现希特勒是实力至上的,而阁下则充满幽默感。

纳赛尔:呵,我所写的那本书,是革命之后三个月匆匆写成的。你说得对,我除了实力之外,还注重人情味。

议员:对呀!我们军人也需要人情味。我在马来西亚作战时,一把短刀从不离身,目的不在杀人,而是保卫自己。阿拉伯人现在为独立而战,也正是为了防卫,如同我那时的短刀一样。

纳塞尔:阁下说得真好,以后欢迎你每年来一次。

此时，日本议员顺势转入正题，开始谈两国的关系与贸易，并愉快地合影留念。日本人的套近乎策略产生了奇效。

在这段会谈的"开场白"中，日本议员先后五处使用认同术，终于使纳赛尔从"不感兴趣"到"十分兴奋"而至"大喜"，可见只要找到谈话的切入点，就可以化解尴尬的局面。

在实际生活中，不是我们每一个所接触的人都可以成为朋友，成为"知己"，我们不是同每一个人都可以谈得很"投机"。所以，在同他人打交道时，如果双方在此之前很陌生的话，那我们就应该努力地去寻找切入点，找到双方的共同语言，这样才会更好地沟通。

俗话说：一个好汉三个帮。在社会高度组织化、契约化的今天，人与人之间的联系一天比一天紧密了，一个人成就的大小，与周围人际关系有着直接的联系。换句话说，人都是在这种人际关系的背景影响下建功立业的。

少说话，这样更能获得对方的认可

在尼尔·鲁登斯坦担任哈佛大学校长期间，学校的教授们总会为研究经费问题争论不休。有一次，两个教授又为研究经费的多少争执不下，而鲁登斯坦校长只是在一旁静静地聆听，脸上挂着难以猜测的表情。待双方分别陈述完毕，鲁登斯坦看着两人不动声色地说："我会考虑的。"然后就走开了。

鲁登斯坦校长是个寡言少语的人，他最著名的一句话就是"哈佛的事大家商量，由我决定"，简洁明了又富有气魄。"我会考虑的"是他用来回答各式各样请求的简短而有力的答复之一。

其实鲁登斯坦校长年轻时曾经以说话长篇大论而闻名，沉默寡言是他后来自我克制和修养的结果，别人会因为他的沉默而张惶失措。说得越多，自己的秘密和真实想法泄露得也就越多。鲁登斯坦校长知道，面对一群教授，自己一定要控制说话的冲动。"说出去的话就是泼出去的水"，话一旦说出口就无法收回。时刻控制自己的言语，讥讽别人的话千万不要说，否则，付出的代价会远远超过得到的片刻满足。

有人说：语言是银的，沉默是金的。虽然三寸之舌可战百万之师，虽然伶牙俐齿，有时候可以力挽狂澜，扭转乾坤。但有些时候，沉默反而更能感动人。鲁迅说："不在沉默中爆发，就在沉默中灭亡。"其实，沉默并不是软弱和退缩，而是一种后发制人的智慧，它所爆发出来的力量在很多情况下是更让人震惊的。

初到哈佛，因为本杰明生性好动，每到开饭，食堂就排着长长的队伍，他与同伴肆意打闹，嘻嘻哈哈。

突然"啪"的一声，一只饭碗连同刚刚打出来的一团白米饭被他扬起的手打翻在地，本杰明惊呆了，那碗饭的主人是一个高大而壮硕的男孩，那个男孩只是看了他一眼，本杰明确信那只是极平淡的一眼。他一声不吭，捡起了碗到水龙头下洗了洗，又排队打饭去了。自始至终，他都没吭一声，也没看本杰明第二眼。

本杰明不知道他的沉默是出于宽容还是蔑视？然而本杰明的心却被深深地震动了。从那以后，本杰明再不曾在公共场所打闹过，也再不曾为一点点小事与人争得脸红脖子粗。

如今每当被人"冒犯"时，本杰明总不由地想起哈佛大学内那个高高大大的男孩，想起他的平静，他从容的宽容。因为本杰明知道，真正的宽容不是摆设与表演，也不是退却与懦弱。

沉默是金，所谓"言多必有失"。与人发生冲突时，如果你一味地是非分明，或许不仅问题没有解决，反而会给别人造成难堪，为自己树了一个敌人。因此，在某些场合下需要你——保持沉默！

　　布赖恩生长在军人家庭，从小受的教育就是做人要是非分明。在学校，他这个个性也得罪了一些人，但同学都比较容忍他。工作后，同事和老板可就没这种好脾气了。其实，他心地善良，做事也认真积极，只是经常会因工作与领导和同事发生冲突，冲突过后，他很快就会忘掉，但别人不是这样，以致虽然他工作业绩不错，却总因为民主评议不过关而与升迁、加薪失之交臂。

　　一次，他将一份计划书送给老板签字，第二天他问老板时，老板翻箱倒柜地折腾了一番后，竟耸耸肩说："对不起，我从未见过你的计划书。"

　　没见过？！你刚才找什么呢？明摆着是说谎。他立刻义正辞严地说："就在昨天下午一点，我送来的。当时您刚喝过酒，脸上红彤彤的，我想一定是您酒喝多了，随手把它丢进了废纸篓。"老板的脸立刻涨得通红，沉默了一下，他怒气冲冲地说："我说没见过就是没见过。另外，请记住，我喝酒不是你管的范围。"

　　他一走出门，老板的秘书桑迪就说他："你真是的，再打印一份给老板签字不就行了，何必争个谁是谁非呢？你看吧，他不会给你签字的。"

　　果真，老板对这份计划书很不满意，打回来让他重做了三次才算过关。

　　很多时候，当你和人发生矛盾时候，如果你保持沉默，等于保全了对方的面子，或许他立刻会觉得你值得信赖，被你所感动。相反，如果你总要分出是非曲直，令他颜面尽失，那么，你永远都不会得到对方的好感。所以，把握好该说与不该说的分寸，在处理问题上越冷静越好，很多时候聪明的人会装傻，因为他们都相信有时沉默更能影响人，更能达到自己预期的目的。

换位思考，了解别人才能理解别人

杰拉尔德·斯奈伦伯格博士在《洞悉人生》一书中这样写道："若想赢得他人的合作，就要在谈话中像关心自己一样关注对方的观点和感受。在谈话初始便表明目的和意图，尽可能只发表他人能够接受的言论。积极接纳对方的观点，这样人家才会对你的意见敞开胸怀。"

索拉那大学时的一位同学向他提及过他中学时的事，至今他仍然清楚地记得那位关心他、真诚地帮助他的校长。语气中充满了深深的感激与敬意。

由于自小父母离异，他一直生活在一个比较贫穷与缺乏爱的环境里，他的脾气因而变得易怒、暴躁而又极度敏感，家境的贫寒、学业的落后，使他倍受冷落与嘲讽。在学校里，打架滋事，成为一个令老师头痛的学生。

有一天，他被召去见新来的校长，按惯例是去挨训的。谁知进去之后，校长微笑地叫他坐下，给了他50元钱，说是"学生贷款基金会"批下来的贷款，考虑到他的实际情况，便发给他。当时，拿了钱之后，他转身便准备走。校长却说："请等一下。"索拉那的同学回忆当时的情景说，他非常地惊讶，校长的话那么有影响力。校长接着说："你是住校生吧？离家挺远的，得自己照顾自己吧！我以前读中学的时候也一样。生活挺艰苦的，但一定要注意营养，每天早上吃一鲜鸡蛋补充蛋白质，再买袋牛奶晚上泡着喝，晚自习时间很长，又是读书，消耗特别大。天气干燥，可要多喝水。至于一些日用品，可以到前面拐弯处的一个批发市场上去买，那儿价格便宜又节省时间。在生活上还有什么问题，尽管向学校提出来，老师会帮你解决的。"

当时校长的话犹如一阵暖流流淌过他的全身。这么多年来，大家都把他当成坏孩子、差学生来看，给予他的都是批评、厌恶、嘲笑或是怜悯，很少有人像校长那样从他的角度来考虑他的苦楚，来关怀他、安慰他。而这份关怀对于他的影响是非常巨大的，一直照亮着他今后的人生旅程。他说，校长的话就像一盏灯。

校长的关心，就是设身处地站在他的位置上，将心比心，了解他理解他。因此，试着去了解他人，从他人的观点看事情，就是一种成功影响他人的有效方法，所谓"知己知彼，百战不殆"。

哈佛大学医学院的斯布尔斯教授发明了一种心理治疗方法。他要求接受这一疗法的精神病人演出象征他病情的片段，而台下的观众则是一些病情相同的病人。目的不仅是为了娱乐或放松，主要是让病人们对自己的内心体验做某种程度的深入与了解，借此针对病人精神混乱或棘手的部分加以治疗。这种疗法的效果使病人们都从中获益，也可说是开创了群体治疗的先例。

而后这一方法很快地从医学治疗领域扩展到一般日常生活的各个层面。其中被用来训练经理等管理人员的效果最为成功。训练之后发现，原本很多在现实的领导实践中很难解决的问题，一旦让领导者把日常生活中他们批评指责部下的情形搬上舞台，则这些问题就犹如"1+1=2"那样简单了。这一训练方法在提高职员的情商，促使他们更好地与顾客打交道或培训领导的训练课程中广为采纳。

例如，以前在培训售货员时，总是让他们重复着示范表演、规范动作，而后，所采取的是角色扮演，即让受训者不仅扮售货员角色，而且让他们扮演顾客的角色。这可以使售货员更深切地体会到顾客在购买商品时的心理体验，从而提高服务质量。

有一位经验丰富、果断、坚毅上了年纪的船长，但近期由于与手下关系紧张，而越来越难以胜任船长这一角色了，上级部门提议他来接受心理剧的培训。在剧中让他扮演一位水手，而让一位工会协调纠纷的干部（他对冲突的情况比较了解）扮演经常斥责属下的船长。在这场心理剧中，船长被骂得狗血淋头——就像他平时待人而又自觉不到的那样。没过几分钟，这位船长便叫受不了。于是，再把他们的角色对调一下，再表演一次，看这回船长如何扮演角色，这时，船长已深切地了解了他人的感受，将心比心，表演不再似以前那样专横了。

心理剧的启示在于提醒我们换位思考，去了解别人，理解别人。

人与人的交往本来就是相互的，每个人都有自己的性格，思维方式，处世准则，情感表达方式。我们需要别人站在我们的立场上为我们着想，同时，我们也应该让在别人的立场上为他们着想。如果大家都设身处地地换位思考，那么这世界上就没有我们不能解决的问题了。

容人之短，是哈佛人追求的情商

哈佛大学曾经做过这样一则实验：他们对 25 年前"出类拔萃"的"天之骄子"们进行了跟踪调查，结果显示，在 25 年间，那些只会一味地抱怨社会、指责他人的毕业生到如今，生活不仅漫无目标，人生还不尽如人意，有的人喜欢收集古董，收集邮票或者电话卡，而有的人却喜欢收集别人的短处，收集对别人的指责和怨恨，他们在心底里收藏着，就像宝物似的，受到伤害的每一个瞬间都牢牢地记在心里。他们的生活并没有因为自己的收集变得丰富多彩，而是变得苦不堪言，何必呢？实际上，在你对别人的错误念念不忘的时候，在你不断指责别人的时候，自己的心情也会随之变得很糟糕。通常情况下，只有低情商的人才钟情于这种指责他人的游戏，而情商高的人都有一颗宽似待人的心。

宽容是一种修养，一种境界，一种美德，一种非凡的气度。宽容是对人、对事的包容和接纳，是精神的成熟，是心灵的丰盈。宽容是一种仁爱的光芒，无上的福分，是对别人的释怀，也是对自己的善待。

卡琳娜认为自己对待学生们很好，对他们的要求很严格，谁有了错误，她都是毫不留情地给予批评，但效果并没有像她希望的那样。并且，在学校里，孩子们都认为卡琳娜是一个严厉的老师，他们一见到她就变得内向拘谨，甚至不愿与她交谈。这并不是卡琳娜想要的局面，其实她都是一片好心啊！

为此，卡琳娜总是感觉自己就像一个垂头丧气的失败者，并渐渐地没有信心做好自己的工作了，生活也显得异常沉闷。

直到有一天，她突发奇想，决定做一个实验。一大早上班，卡琳娜就换了一套颜色鲜艳的衣服，穿上显得很活泼。当卡琳娜走在通往教室的小路上时，也没有忘记把自己脸上的微笑显现出来，同时，她还在盘算着这个实验。

就在她聚精会神地盘算的时候，从后面突然飞过来一个皮球，重重地打在她的后背上，吓得她差点蹦起来。她回过头一看，学生杰克正在惶恐地从地上捡起球，站在她的面前吓傻了一般。

如果是昨天发生这件事，卡琳娜定会狠狠地训斥他的，但是今天不同，卡琳娜想到自己今天要做的实验，便耸耸肩，做了一个轻松的动作，杰克见状，便道了声对不起跑开了。

卡琳娜在课堂上，并没有像从前一样调皮。学生们的坐姿是否端正，注意力是否集中，回答问题是否正确，她甚至出人意料地没有批评未按时交作业的捣蛋鬼麦克，而只是微笑着让他一定补上，她一整天都在用乐观宽容的心态与大家相处。

放学时，一向羞涩的琼对她说："老师，您今天真漂亮啊！"

卡琳娜从来没有像今天这样感到由衷的愉快和有信心，她的学生们似乎也可爱极了，听话极了，他们回答问题时注意力集中，反应也很灵敏。

她想这个实验是成功的，让她知道了一个生活中的道理：学会宽容。

其实，这个世界上没有十全十美的人，即便是圣人也有犯错误的时候。如果一个人不能宽容别人的错误，自然就会对对方心存怨恨，而仇恨只会让人情绪低落，甚至生活在黑暗里。

只有不斤斤计较，懂得宽恕的人，别人才能悦纳他。当你和别人的关系处理不好，或者和别人发生矛盾时，不要一味地指责别人，怨恨别人，而要反省自己的言行是否有不妥的地方，是否对别人造成了伤害。时存自省之心，心地必然宽敞。

一位女士不小心摔倒在一家商店干净的木地板上，手中的奶油蛋糕弄脏了商店的地板，她非常抱歉地想请求老板原谅，不料老板却说："真对不起，我代表我们的地板向您致歉，它太喜欢吃您的蛋糕了！"女士很开心地笑了，而且老板的热心打动了她，于是她"投桃报李"，买了好几样东西后才离开了这里。

遇事多宽容，设身处地多为别人着想，不可以斤斤计较。人与人交往难免有个言差语错，或你长我短，动不动就借题发挥，闹矛盾，扩大事端，这很容易破坏彼此的人际关系。

当然，高情商的人不仅懂得宽容别人，也懂得宽容自己。有些人，在自己犯了错之后，总是喜欢自责，骂自己做得不够好、太笨、太懒惰、太胆怯。可是，再多的内疚都是于事无补的，事情没有做好，问题没有解决，消极情绪是解决不了问题的。所以，要学会宽恕自己、善待自己，对生活有信心，这样才有可能获得人生的幸福。

总之，动辄出口伤人的人都是情商较低的人，只有那些不够聪明、缺乏理性的人才喜欢处处批评、指责和抱怨。眼里容不得沙子的人不会看得太远，他们的日子注定会充满灰暗。

当然，善解人意和宽恕他人需要修养自制的功夫。要想做一个有品位的人，就要懂得用宽恕代替指责。宽容地面对他人，面对人生，才会使自己拥有一个平静从容的生活，才能活得更洒脱。

用微笑面对每个人，做最好的自己

"保持微笑，你才能做最好的自己！"这是镌刻在哈佛图书馆走廊上的一句话。微笑是人类最常见的表情之一，可为什么哈佛如此重视微笑的作用呢？哈佛大学第一任校长伊顿说："微笑，是表现你仁爱的象征，是快乐的源泉，是亲近别人的媒介。你笑了，人与人之间的感情就很好沟通了。"这话一点也不夸张，微笑的确具有如此神奇的魔力！比如，当你在一些陌生场所，别人用友好的目光看着你时，你向对方报以微笑，那么双方的感情距离就拉近了，这就为以后的交往奠定了基础。

微笑又可以作为解决人际纠纷时最具杀伤力的"武器"。假如有人正冲你大发雷霆，你若对他（她）欣然一笑，又有什么纠葛芥蒂不能冰消雪融呢？另外，微笑还可以克服抑郁寡欢、空虚紧张、萎靡不振等不良情绪，从而促进个人的身心健康。因为"笑口常开"的人，往往会给自己一种心理暗示，并产生积极的反馈，使自己活得开心快乐。

瑞贝卡是一位三十多岁的中年女性，在美国的一家证券交易所就职。由于工作压力大，再加上家务负担重，瑞贝卡时有身心疲惫的感觉，她的脾气也在不知不觉中变坏，她从起床到出门去上班，很难得对丈夫和孩子们笑一笑，这使得她与家人的关系日趋紧张。在交易所里，她嗓门很大，脾气暴躁，经常和他人发生冲突。

虽然瑞贝卡也意识到这样下去不行，但她无法控制自己："也许是长久以来紧张的工作使我养成了这种习惯，任何一件事都可能惹我生气。"后来，在丈夫的陪同下，她求教于哈佛大学的心理专家。

哈佛大学心理专家向她提出，要让自己冷静、平和下来，要让脸上挂着微笑，这样才能让自己重拾快乐，也才能更容易与人相处。专家还教她一些利用微笑的技巧，并要求她时刻记住面对别人时脸上要带有微笑。

在接下来的日子里，瑞贝卡牢记心理专家的建议，尝试用微笑来面对每一个人：早晨，当梳头的时候，她对着镜中的自己微笑；吃早饭时，她对丈夫和儿子微笑；出门时，对遇到的邻居微笑着说一声"早"；站在交易所的柜台后面，她对认识和不认识的客户微笑；忙碌的操作间隙，她对同事微笑。

刚开始，她觉得很别扭、很勉强。但她知道这样做是对的，因为她发现，周围的人对她不像以前那样冷漠，而是热情地帮助她。她甚至听到有人私下在谈论她，说现在的她满面春风、信心十足，与以前垂头丧气、神情消极的样子大相径庭，像是变成了另外一个人。

"我觉得微笑每天都带给我许多财富。"这个曾经被认为脾气最坏的女人微笑着说，"我现在是一个快乐的人了，一个能够感受生活美好的人了。"

一个发自内心的微笑，能够让人有个放松的心理状态与健康的身体，还能够有效地缩短人与人之间的情感距离，从而有利于形成融洽的交往氛围。难怪有许多专业推销员，每天清早漱洗时，总要花两三分钟时间，面对镜子训练自己的微笑，甚至将之视为每天的例行工作。

或许有的人会说："生活中的烦心事真是不少，不说工作的压力、岗位的竞争、职位的高低，光家里的事，就够我们忙乎的了，还怎么能笑得出来呢？"

虽然生活中的烦心事的确很多，但我们大可不必把所有的事都放在心上，不要背负着自己的苦，再背上他人的苦，而要调整好自己的心态，多想想事情阳光的一面，多想点高兴的事，让自己笑起来。

比如，你可以多想一些诸如此类的高兴事：今天我的上司表扬了我；昨天我生日，朋友送了我一束很美的玫瑰花；这段时间，我减肥又取得了一定成效……想着这些事，你自然而然会发出会心的微笑，而这种自然的笑容更能展现你的魅力，令人倾心。

不过，微笑虽然是一种简单的表情，但是，请注意，不是张嘴就可以产生微笑的，要想笑得自然大方、得体适度，除了要注意口形外，还须注意面部其他各部位的相互配合。

在微笑的时候，先要放松面部肌肉，将下巴向内自然地稍许含起，然后使嘴角微微向上翘起，让嘴唇略呈弧形。最后，在不牵动鼻子、不发出笑声、不露出牙齿，尤其是不露出牙龈的前提下，轻轻一笑。在微笑时，目光应当柔和发亮，双眼略为睁大；眉头自然舒展，眉心微微向上扬起。这就是人们通常所说的"眉开眼笑"。

当然，刚开始时你可能会觉得这样微笑不太自然，但只要能对着镜子多练习几次，你的笑容定会变得自然大方、灿烂动人！国外曾有一句处世格言："一个人的微笑价值百万美元。"这足以说明一张笑脸对人际交往、对个人事业来说有多么重要。

哈佛大学哲学系所在的爱默生楼上，刻着"什么样的人让你难忘？"哈佛校长鲁登斯坦给出的答复是："理解人、同情人、尊重人的人。"微笑待人，尊重他人也是对自己的尊重，这样的尊重才会产生更多的人间温情，也才会有更美好舒心的生活质量。

第10辑
三流的大学教你成才，一流的哈佛教你成功

　　科南特是美国科学家、教育家。1919—1953 年期间历任哈佛大学化学系教授、系主任、校长。他曾任美国全国教育协会教育政策委员会的主席，美国科学协进会和美国全国教育理事会的会长。20 世纪 50 年代，他对中等教育和师范教育，进行了实地考察，发表报告，提出批评和改进建议，对美国教育很有实际影响。他这样说过："不管是哪个专业的学生，他们都有一个自己的目标，这个目标的名字叫走向成功。但是，成功仅仅依靠专业知识是不够的，还需要掌握成功的方法。哈佛如果做不到这点，那么，她就不是世界一流大学了。"

打造核心竞争力，你才不会平庸

在非洲草原上，每天清晨，羚羊睁开眼睛所想到的第一件事就是：我必须跑得更快！否则，我就要命丧狮口。而在同一时刻，狮子也在想着同一件事情，那就是：我必须跑得更快！唯有如此，我才能抓到更多的羚羊。否则，我将会活活地饿死。于是，面对着地平线吐出的鲜红的朝阳，狮子和羚羊开始了新的一天的生存和竞争。

物竞天择，适者生存，这是竞争的本质和普遍规律。由此可见，竞争既是一种淘汰的机制，又是一种激励的机制。在这里，"速度"成为了狮子和羚羊求得生存的最重要的技能。而这一项最重要的技能也可以称之为它们的核心竞争力。

随着社会的发展，人口的激增，资源的枯竭，人与人之间的竞争也日趋白热化。哈佛大学发现，在人类社会中，自然界的生存法则越来越激烈地显现出来。做一只狮子，还是做一只羚羊，成为了我们在"适者生存"的严酷规律下不得不做出的一个选择。其实，我们也不用太过悲观。不论是做一只狮子，还是做一只羚羊，如果我们具备了自身的核心竞争力，那么我们就必然可以用速度战胜与死神的竞争。

那么，在哈佛大学看来，什么是个人的核心竞争力呢？

哈佛大学教授罗伯特·劳伦斯指出：所谓个人的核心竞争力，其实就是不易被竞争对手效仿的，具有竞争优势的，独特的知识和技能。

在这里，我们需要注意的是，核心竞争力强调的是竞争力的核心性，也就说，你的竞争力应该是出类拔萃的，不易被模仿，或者不易被竞争对手赶超的。一位经济学家曾经这样论述企业的核心竞争力，他说："一家企业，它一定要有偷不去、拆不开、带不走、溜不掉的独特资源。"同理，个人的核心竞争力也应该具备如此的特点。

哈佛大学提出，对于个人来说，核心竞争力不但要求我们要有一技之长，而且要求将这一技之长发挥到极致。比如唱歌，你可以在美声唱法方面努力深造，也可以在通俗唱法方面努力深造。总之，为了打造自己的核心竞争力，我们必须向着"高、精、深"的方向发展。

那么，哈佛大学是如何教会学生打造自己的核心竞争力呢？

首先，哈佛要求学生要了解个人核心竞争力的组成要素。在哈佛看来，个人的核心竞争力是由人生定位、资源与能力、执行力三大要素组成的。所谓的人生定位，就是指你想要成为一个什么样的人，它是建立在你固有的天赋基础上的。伟大的目标往往造就伟大的人生。因此，哈佛要求学生重视自己的人生定位，尽量为自己设置一个更高的人生目标；所谓的资源是指我们目前所具备的知识储量和人脉关系。哈佛大学将能力视为一个人的语言表达能力、信息处理能力、解决问题的能力、人际交往的能力、组织管理的能力、领导力以及演讲能力等；执行力视为执行计划的能力以及超越自我的能力。哈佛将个人的核心竞争力看成是个人综合素质的集中体现。因为，他们让学生打造自己的核心竞争力就是培养学生的综合素质能力。

了解了个人核心竞争力的关键要素后，哈佛大学会让学生制定出具有针对性的打造计划。

第一，确立目标，培养前进的动力。确立目标首先要考虑自己的兴趣与能力，自己不感兴趣的不要去考虑，自己没有能力做到的也不要去考虑。一旦目标确定，我们就要排除各种干扰，坚定自己的信念。这里，哈佛大学提出一条原则：不要常立志，要立常志！

当目标确定后，就要培养自己前进的动力。只有动力，才是支持一个人不断进步的能量源泉。因此，要时刻提醒自己，制定目标的目的不是为了其他的任何利益，而是为了打造自己的核心竞争力。当核心竞争力达到顶峰时，成功自然就会来到我们的身边。

第二，持续学习。处于信息爆炸的社会，仅仅凭借学校习得的知识并不能保证我们获得成功。也就是说，学校的专业知识并不必然成为我们的核心竞争力。要打造自己的核心竞争力，就要积极地关注专业知识之外的信息，努力学习新的知识，新的方法，持续地为自己充电。在此，哈佛大学要求学生做到以下几点：一是根据不同阶段的目标来进行针对性的学习，以保证核心竞争力的可持续发展性；二是能够及时地吸收和利用外在的信息，保证核心竞争力的适应性；三是努力地将各种知识系统化，以打造核心竞争力的专业性。

第三，打造属于自己的品牌。在如今崇尚品牌的时代，我们也必须打造属于自己的个人品牌。因为品牌代表着实力，代表者信任，代表者强大的竞争力。所以，哈佛大学注重个人性格的培养。在哈佛看来，个性鲜明的人更富有创造力。由于核心竞争力要求的是"高、精、深"，所以哈佛认为，具有鲜明个性的人更容易形成自己的核心竞争力。

总的来说，核心竞争力并非一般的竞争力。如果说竞争力的形成需要十倍努力的话，那么打造核心竞争力就需要我们百倍、千倍的努力。在此，每个人必须要有足够的心理准备。

正确地认识自己，客观地自我定位

社会心理学家把人的自我认识称为人的"第二次诞生"，即继肉体诞生之后精神自我的诞生。

哈佛心理学家解释说，正确认识自我的结果，很可能是看到不完美的有众多缺陷的"自我"，面对自我的本来面目，能否勇敢地接受现实、接受自我，是一个人心理是否健康、成熟，能否超越自我、突破自我的关键因素。成功人士绝对不会由于他对自身的某方面不满意，而拒绝认识自己，不承认或不接受自己的真正面目，非要装扮出另外一个形象来。

有一个英国作家，名叫哈尔顿，他为编写《英国科学家的性格和修养》一书，采访了达尔文。达尔文的坦率是尽人皆知的，为此，哈尔顿不客气地直接问达尔文："你的主要缺点是什么？"达尔文答："不懂数学和新的语言，缺乏观察力，不善于合乎逻辑的思维。"哈尔顿又问："你的治学态度是什么？"达尔文又答："很用功，但没有掌握学习方法。"

哈佛认为，既能认识到自己的优点，又能够理性地分析自己的缺点，才是真正全面而客观地自我定位。成功人士能正视自己的特点，接受自己，爱惜自己，无论自己长得漂亮还是不漂亮，无论自己聪颖还是不聪颖，他们并不对自己的本来面目感到厌烦与羞愧，他们对自己并不加以掩饰，他们不无骄傲地接受自己，也接受别人，因为他们知道，自己与他人都是各有长短的极自然的人。对于不能改变的事物，他们从不抱怨，而是欣然接受自然的本来面目。他们既能在人生旅途中拼搏，积极生活，也能在大自然中轻松地享受……只有勇敢地接受自我，才能突破自我，走上自我发展之路。

成功人士深刻地明白这样一个道理：仙人掌有极强的抗旱能力，但不能在热带雨林生长；鱼可以在江河湖泊里自由游动，但一到陆地便难以生存。这说明每种生物都有自己的特点。同样，每个人也有自己的特点。所以，他们都在各自的人生坐标系中寻找着那个属于自己的点，那个适合自己生存的点。

正确地认识你自己，就好像多了一双睿智的眼睛，时时给自己添一点远见、一点清醒、一点对现实更为透彻的体察与认知。凭借这份认知，可以少干很多日后追悔莫及的事情。经常把"自己"放在嘴里嚼一嚼，并不比捶胸顿足多费力气。

然而，一个人要想认识自己，又谈何容易？一辈子不认识自己而做出了可悲之事的大有人在。今天，还有一部分人正是由于不认识自己，不能充分理解今天这个社会中的情况，而受不得一点点挫折、打击，悲观、失望、苦恼、抱怨、仿徨，终日在唉声叹气、无所事事中把时光轻易地放走。

要正确地认识自己是非常困难的。但对自己有一个正确的认识，却是做人的一个最起码要求。

对于有些人来说，自己是什么样的人，只有自己不知道。由于难得有一个真实的参照系来评估自己，所以，我们往往会很自信地干傻事。

哈佛专家指出，人的自我认识可以从以下三个方面展开。

1. 在和别人的比较中认识自我

通过与周围的人比较，与圣贤模范比较，认识自我在这些参照系中所处的位置。

2. 从别人的态度中认识自我

在社会交往中，他人就是一面镜子，只有在与他人的互动中才能认清自我。我们因看不见自己的面貌，就得照镜子，我们不易评量自己的人格品质和行为，就得利用别人对自己的态度和反应来获得一些评价，并通过这些评价来认识自我。

3. 从工作的业绩中认识自我

这里所说的工作，乃是广义的，并不限于课业或生产性的行为，各方面的活动如文学的、艺术的、科学的、技术的、社会的、体能的……都包括在内。各人所具潜能的性质互不相同，有人拙于文字，而长于工艺；有人不善辞令，而精于计算。若是只看少数项目上的成绩，往往不能察见一个人才能和天赋的全貌。因此，要全面客观地从工作的业绩中认识自我。

这方面的例子实在是太多了：

达尔文学习数学、医学呆头呆脑，一摸到动植物却灵光乍现。阿西莫夫是一个科普作家，同时也是一个自然科学家。一天上午，他坐在打字机前打字的时候，突然意识到："我不能成为一个第一流的科学家，却能够成为一个第一流的科普作家。"于是，他把全部精力放在科普创作上，终于成了当代世界最著名的科普作家。伦琴原来学的是工程科学,他在老师孔特的影响下,做了一些物理实验,逐渐体会到,这就是最适合自己干的行业,后来果然成了一个有成就的物理学家。

我们必须要正确地认识自我。你也许解不出那样多的数学难题,或记不住如此多的外文单词,但你在处理事务方面却有着自己的专长,能知人善任、排难解忧、有高超的组织能力;也许你的理化差一些,但写小说、诗歌却是能手;也许你连一张椅子都画不好,但你却有一副动人的好嗓子;也许……所以做人应先认识自己,认识自己的长处,如果能扬长避短,认准目标,抓紧时间把一件工作或一门学问刻苦认真地做下去,自然会结出令自己欣慰的丰硕成果。

正确地认识你自己、充实你自己,这样你就会找到自己的立足点,进而迈向成功之路。

不断地学习,让自己有优势

"祈祷,然后去学习。"这是哈佛大学第二任校长邓斯特时常挂在嘴边的一句话。在现代社会中,知识的更新速度越来越快,不努力学习,就会被淘汰。人若要拥有某种优势,就必须不停地学习。电脑巨头罗斯佩罗说:"凡是优秀的、值得称道的东西,每时每刻都处在刀刃上,要不断努力才能保持刀刃的锋利。"

期终考试的最后一天,一位哈佛大学的教授将给一群即将毕业的学生进行毕业与工作之前的最后一次测验了。其中一些学生在谈论他们现在已经找到的工作,很明显地他们感觉自己已经准备好了,甚至都觉得自己有足够的优势来征服这个社会。

考试一点也不用紧张,因为教授曾经说过,他们可以带任何参考资料。惟一的要求就是他们不能在测验的时候讨论。

考试时间到了,学生们看到只有五道评论类型的问题时,这些学生看起来不再自信了。教授问道:"能完成五道题目的有多少人?"

没有一只手举起来。

"完成四道题的有多少?"

仍然没有人举手。

"三道题?两道题?那一道题呢?当然有人能完成一道题。"

依然没有人回答。

"这正是我期望得到的结果。"教授说,"我只想说,即使你们已经完成了四年的学习,但关于学习的路还很长,请你们记住,即使你们现在已是大学毕业生了,你们的成长仍然还只是刚刚开始。"

在取得优势后应该努力争取更高的优势。倘若取得成就之后自高自满,那就不会再有更高的优势。有一些人之所以在个人优势上不能"更上一层楼",就因为不能继续学习、修行,当一个人善于学习,他的优势就会不断叠加,成为优势十足的人。

霍利亚是哈佛大学法律学毕业生,他的理想就是能够成为一名律师。毕业后,他进入一家律师事务所工作,他的同学都嫌进律师事务所给人打工赚钱既少又累,简直就是浪费青春,所以他们大部分都出去单干了。可是霍利亚却不这样想,他在毕业前首先查阅了当地的各大律师事务所以及著名律师,他发现阳光律师事务所不仅办案公平,而且成功率也很高,这一切都得力于一个叫哈维司的大牌律师。的确,这位律师现在出了名,被人称为民众的律师。他为普通民众打官司,无论多么难办的案子都在他的手上弄出了头绪。霍利亚来到这家律师事务所,想方设法为哈维司工作。他每天跟在他后面,一点一滴地向他学习,和哈维司一起办了几件大官司。渐渐地，人们都知道哈维司有一个好学生叫霍利亚，他的办事能力也很强。哈维司忙不过来的事都交给霍利亚做。霍利亚终于也成了当地的著名律师，实现了自己的理想。

如果你希望自己有优势，就应该在你从事的领域内找到一位成功的前辈，然后虚心向他学习，学习他的思考、策略、信念，做好充分的准备后，等机遇一来，你就是下一个成功者。

纽约一家公司被一家法国公司兼并了。

在签订合同当天，公司新总裁宣布："我们不会随意裁员，但如果谁的法语太差，导致无法跟新员工进行交流，那么，公司就不得不请他离开。这个周末我们将进行一次法语考试，及格的人都能够在这里继续工作。"

散会后，几乎所有的人都拥向图书馆，只有汤姆像平常一样直接回家了。同事们想，他一定是想放弃了。汤姆毕竟快40岁了，要想重新学习一门语言可不是容易的事。一周后，考试成绩出来了，有30%的人没有及格。公司毫不留情地把他们解雇了。不过，在这份解雇名单中并没有汤姆的名字，同事们正在纳闷，公司新总裁向大家宣布了一个决定：任命汤姆担任销售部的主管！

同事们更不解了，纷纷找汤姆问个究竟。

原来，大学毕业刚来到这家公司时，汤姆就认识到自身的不足，为了弥补，他坚持每天提高自己。他看到公司的法国客户很多，自己又不会法语，与客户沟通时非常不方便，就有意识地去自学法语。

可是，汤姆每天的工作都很忙，该怎么解决工作与学习之间的矛盾呢？经过思考，他决定每天记住10个法语单词，这样下来，一年就能掌握3600多个法语单词，然后再慢慢地学习运用，就能慢慢掌握法语了。

所以，在以后的工作中，汤姆从没间断过法语的学习。十多年过去了，汤姆的法语已经学得非常地道，跟客户沟通也不需要翻译在场，而这次考试恰恰成了汤姆晋升的机遇。

不管你有多能干,曾经把工作完成得多么出色,如果你一味沉溺在对昔日表现的自满当中,"学习"便会受到阻碍。要是没有不断学习、不断追寻各个领域的新知识以及不断开发自己的创造力的精神,你就会丧失基本的生存能力。

有从零开始的心态,你才能真正腾飞

哈佛大学集中了美国以及全世界最优秀的学生,但是,学校要求学生来哈佛大学以后要有"一切从零开始"的心态。凡是进入哈佛大学的学生,一律会被平等对待。哈佛大学学生麦迪说:"哈佛大学是一个特别能打消骄傲之气的地方。我来自一个小镇,在那里我是一个优等生,而且还是一个运动队的领袖。但是到了哈佛后,我发现,同学中很多人曾是运动队的核心,20%的人在以前的学校是尖子生。昨天你还是一个地方的明星,今天你就只是众多强者中微不足道的一个。因为大家都很优秀。"可以说,哈佛大学绝不是展现风光一面的处所,而是一个新的开始,每个学生都必须具备适应新环境的能力。

曾任哈佛大学校长的福斯特来北京大学访问时,讲了自己的一段亲身经历:

有一年,这位校长向学校请了三个月的假,然后告诉自己的家人,"不要问我去什么地方,我每个星期都会给家里打个电话,报个平安。"

校长只身一人,去了美国南部的农村,尝试着过另一种全新的生活。在农村,他到农场去打工,去饭店刷盘子。在田地做工时,背着老板吸支烟，或和自己的工友偷偷说几句话，都让他有一种前所未有的愉悦。最有趣的是，最后他在一家餐厅找到一份刷盘子的工作，干了四个小时后，老板把他叫来，跟他结账。老板对他说：可怜的老头，你刷盘子太慢了，你被解雇了。

可怜的老头重新回到哈佛，回到自己熟悉的工作环境后，却觉着以往再熟悉不过的东西都变得新鲜有趣起来。工作成为一种全新的享受。

这三个月的经历，像一个淘气的孩子搞了一次恶作剧一样，新鲜而有趣。更重要的是，回到一种原始状态以后，就如同儿童眼中的世界，一切都那么有趣，也不自觉地清理了原来心中积攒多年的垃圾。

很多时候，旧的经验、成就、地位也是一种负担，当你被它们压得喘不过气时，你就需要"清空"自己，就像哈佛校长那样，倒掉自己的"经验垃圾"、"成就垃圾"，以一种归零的心态，重新审视自己的事业。

抱有一种归零的心态，才能永远有新的目标，才能攀登新的高峰，才能获得无穷无尽的乐趣。

哈佛大学要求学生有从零开始的心态是有一定道理的：这样更容易让学生激发出自己的潜能。著名的"二战"名将巴顿就在西点军校经历了"一切从零开始"的心路历程。

1944年6月，巴顿步入了梦寐以求的西点军校，但他的勃勃雄心在入学不久就受到了严峻的考验。由于在文化知识方面基础不扎实，他学习起来非常吃力，成绩落后同学一大截。这令巴顿烦躁不安，他惶惑、恐惧，甚至说自己是"一个平凡、懒惰、愚笨而又雄心勃勃的幻想家"。再这样下去，前途无望，如何面对父母和家族的期待？巴顿陷入了深深的焦虑之中。

不但如此，巴顿还严重偏科。他只看重军事科目，尤其偏爱战术理论和队列训练，战术系的教员们十分赞赏巴顿的独到见解，认为他具有超常的军事天赋。巴顿对于队列训练的爱好更是达到痴迷的程度，他的队列动作漂亮、利落，在全班出尽了风头，可是巴顿的数学成绩却是倒数第一。尽管好友劝他挤出队列训练的时间多看看数学书，但巴顿置之不理。

　　第一学年结束时，西点军校决定让巴顿留级。这就意味着他要重新上一次一年级，重新经历一次"兽营"训练，重新挑战高年级学员的百般"刁难"。巴顿原来当下士学员的计划破灭了。但他很快调整了自己，他想：一切从零开始并不一定就是坏事。巴顿重新振作起来。

　　在家庭教师的辅导下，巴顿利用一个暑期系统地掌握了全部功课。他告诫自己："重新开始需要勇气，要始终不渝地竭尽全力。"新的一年级生活又开始了，巴顿成熟了许多，他以火一般的热情和崭新的精神面貌，脚踏实地地去争取自己的成绩并获得了成功和荣誉。

　　升入二年级后，巴顿崭露头角，成为全校的人物，他成了运动场上一名冲锋陷阵的勇士，而且他没有荒废学业，各科成绩都很优秀。

　　勤奋和勇敢使巴顿获得了巨大成功，他逐一实现了自己的目标——队列训练名列榜首，几次刷新运动项目纪录，四年级时被任命为副官……

　　如果没有一年级的"一切从零开始"的勇气和心态，或许巴顿就不会学到哈佛的精髓而成为一个平庸的人。

　　在现实生活中，人们往往很难对金钱满足，却容易对知识和能力产生满足。孰不知，对知识的满足是一个极大的错误，它将使你丧失活力，甚至由此沉沦下去。一个人，只有保持孩子般的求知欲，时时"清空"自己，勇敢地更新自己，倒掉自己杯中的"浑水"，不断学习，不断思考，不断接受，才能保证自己有足够的活力和能力，为自己的梦想而奋斗。

知耻近乎勇，才能成为真正的强者

中国有句古话："知耻近乎勇。"意思是说一个人知道和承认自己的过错，是需要很大勇气的。所以知错、认错然后改错，才能成为真正的强者。这也是有效影响他人的基础。只要你敢于主动承认自己的错误，再铁石心肠的人也能被你感动，那你就能成功地影响他人了。

许多年前，杰克曾在一家大公司工作，担任地区副总裁的行政助理。

公司里大多数职员平日都是一副西装笔挺的有钱人形象，只有意大利人皮特例外，他好像从来都不修边幅。皮特看上去总是像刚从码头上干活回来一样。

要不是亲眼看见他摆弄公司的电脑，你肯定认为他是在加油站或快餐店上班，是那种靠通俗歌曲和啤酒打发日子的家伙。

皮特也认为自己属于那种其貌不扬的精英分子类型，尽管他与其他职员穿着一样的蓝条纹制服（现在大公司一般都规定着装），可看上去就是不像样子。但皮特所具有的洞察力却是同事杰克所少见的。

有一次他突然对杰克说："你不该呆在这儿。你跟这儿格格不入。"

"你这是什么意思？"杰克问，虽然有点生气，但他的话却引起了杰克极大的兴趣。杰克想有可能的话自己也会向他提出同样的问题。

"你懂我的意思"，他边点雪茄边说，"你有开拓能力，你喜欢与人打交道，干嘛非在这鬼地方浪费你的时间和天才，整天写什么部门材料，预算报告呢？"

杰克永远忘不了皮特这些富有见地的话，正是这些话使杰克从麻木不仁的状态中清醒过来。

从那时起，杰克的心里就不断重复着这样的想法：我正在不属于自己的位置上从事着不适合自己的工作。

后来，杰克采取皮特的建议辞去了公司的工作，开始做些更有意义的尝试。

在这之前，杰克在这个公司里英雄无用武之地，职业生涯陷入了一种沉默的绝望之中，直到像人们常说的那样，对个人的职业生涯感到厌倦，直到连厌倦都已厌倦。

杰克过去的窘境也许正是现实生活中一些人的写照，或许你也正在从事一份你不喜欢的工作？

从那公司跳出来以后，杰克创办了自己的公司，取得了过去一直想要但又无法想象的成功。

也许大多数人只是把目前的工作当成谋生的手段，而勉强从事着这份并不适合自己的工作。其实，对于一个人来说，这是最大的错误。皮特让杰克明白了自己所犯的错误。杰克终于从麻木不仁的状态中清醒过来，重新去尝试新的机会，并且获得了巨大的成功。这就是"知耻近乎勇"。

在事业生涯的道路上，如果你缺乏勇气和自信；如果你不敢面对现实和机会，那成功只能成为你遥不可及的梦想了。

某大公司招聘人才，应者云集。其中多为高学历、多证书、有相关工作经验的人。

经过三轮淘汰，还有11个应聘者，最终将留用6个。因此，第四轮总裁亲自面试，将会出现十分"残酷"的场面。

奇怪的是，面试考场出现了12个考生。总裁问："谁不是应聘的？"坐在最后一排最右边的一个男子站起："先生，我第一轮就被淘汰了，但我想参加一下面试。"

在场的人都笑了，包括站在门口闲看的老头子。总裁饶有兴趣地问："你第一关都过不了，还来这儿有什么意义呢？"男子说："我掌握了很多财富，我本人即是财富。"

大家又一次笑得很开心，觉得此人不是太狂妄，就是脑子有毛病。男子说："我只有一个本科学历，一个中级职称，但我有11年工作经验，曾在18家公司任过职……"总裁打断他："你的学历、职称都不算高，工作11年倒是很不错，但先后跳槽18家公司，太令人吃惊了。我不欣赏。"

男子站起身："先生，我没有跳，而是那18家公司先后倒闭了。"在场的人第三次笑了。一个考生说："你真是倒霉蛋！"男子也笑了："相反，我认为这就是我的财富！我不倒霉，我只有31岁。"

这时，站在门口的老头子走进来，给总裁倒茶。男子继续说："我很了解那18家公司，我曾与大伙努力挽救那些公司，虽然不成功，但我从那些公司的错误与失败中学到了许多东西，很多人只是追求成功的经验，而我，更有经验避免错误与失败！"

男子离开座位，一边转身一边说："我深知，成功的经验大抵相似，而失败的原因各有不同。与其用11年学习成功经验，不如用同样的时间研究错误与失败；别人的成功经历很难成为我们的财富，但别人的失败可以是！"

男子就要出门了，忽然又回过头："这11年经历的18家公司，培养、锻炼了我对人、对事、对未来的敏锐洞察力，举个小例子吧——真正的考官，不是您，而是这位倒茶的老人。"

全场11个考生哗然，惊愕地盯着倒茶的老头。那老头笑了："很好！你第一个被录取了，因为我急于想知道——我的表演为何失败了？"

世界最大的产业公司IBM里虽有雄才大将，但也不乏小人物来帮衬。其中有一个普通的员工，成天端茶倒水，抹洗清扫，觉得能摸摸办公室的传真机都是奢侈。口袋里的薪水是惟一安定的理由，但小人物也是有自尊的，一旦受到侮辱，她也将更具有勇气，更能创造奇迹。

"知耻近乎勇"，然而真正能够做到的人实在太少了。许多人即使知道自己错了，也不愿意让别人知道自己的错，他们总是千方百计地想掩饰自己的错误。在哥伦布所处的时代，人们大都认为地球是平的。其实，从古希腊时起，就有人证明了地球是圆的。航海者通过漫长的航行也知道了地球不是平的，尤其在赤道的时候。但人们几个世纪都不愿意相信地球是圆的，人们总是愿意相信他们愿意相信的东西，而不是相信事实。

在哥伦布之后出现了世界上最胆大的宣言：哥白尼宣称，太阳并不是绕着地球转，而是看上去如此而已。这个波兰的天文学家引用了几千个天文学的观察事实来证明他的观察是正确的，而以前的观点只是光学幻觉的结果。"哥白尼日心说"破坏了人们原先认为地球是宇宙中心的观念。可见，哥白尼及其追随者为了战胜人类的愚昧和顽固表现出了多么惊人的勇气啊！

勇气使得人们对那些想当然的事提出质疑，进行探索，并接受挑战。勇气是一种反向的大脑活动，它使人们敢于接受那些可能被公众认为是正确的东西的对立面。如果某样东西初看起来似乎很荒谬，你要抵制放弃想它的诱惑，相反，你要继续思考它，并且提醒自己，思考这类想法需要勇气，你甚至还需要更多的勇气去抵制你的新想法所引起的批评。

专注、认真才能做好每一件事

人们在生活中都有这样的体会：有的人爱好广泛，什么事都想去尝试，结果却是什么事都没做好，其实"多才多艺不如专精一门"不如把心思放在一件事上专心地把它做好。

"一次只做一件事"，就意味着集中目标，不轻易被其他诱惑所动摇，经常改换目标，见异思迁或是四面出击，往往不会有好结果。

有一个人从小成绩都一直不好。他的读写速度很慢，英文课需要阅读经典名著时，只能从漫画版本下手。他常常说："我的脑袋里有想法，但是却没有办法将它写出来。"后来医生诊断他患有识字障碍。他之后凭借优异的数理成绩，进入美国名校斯坦福大学就读。他发现商业课程对他而言比较容易，于是选择经济为主修，在英文及法文仍然不及格的同时，全力投注于商学领域，获得MBA学位。毕业时，他向叔叔借了10万美元，开始自己的事业。1974年，他于旧金山创立公司，如今已名列世界500强企业，拥有2.6万多名员工。

他就是施瓦布，嘉信理财的董事长兼CEO。现在，施瓦布的读写能力仍然不佳，当他阅读时必须念出来，有时候一本书要看六七次才能理解，写字时也必须以口述的方式，借助电脑软件完成。

一个先天学习能力不足的人，何以能成就一番事业？施瓦布的答案是：由于学习上的障碍，让他比别人更懂得专注和用功。

"我不会同时想着18个不同的点子，我只投注于某些领域，并且用心钻研。"他说。

这种做事认真的专注态度，也展现于嘉信27年的历史中。当其他金融服务公司将顾客锁定于富裕的投资者时，嘉信推出平价服务，专心耕耘一般投资大众的市场，终于开花结果。之后随着科技的进步及顾客的增长，嘉信于每个时期都有专注的目标，许多阶段的努力成果，都成为业界模仿的对象，在金融业立下一个个里程碑。

"一次只做一件事"意味着一个人在某一段时间里只把精力集中于一件事情，把一件事做到底。综观失败的案例，大约有50%的情况是由于半途而废，未能坚持下去所致。

一个人的精力是有限的，把精力分散在好几件事情上，不是明智的选择，而是不切实际的考虑。在这里，我们提出"一件事原则"，即专心地做好一件事，就能有所收益，能突破人生困境。这样做的好处是不至于因为一下想做太多的事，反而一件事都做不好，结果两手空空。

想成大事者的人不能把精力同时集中于几件事上，只能关注其中之一。也就是说，人们不能因为从事分外工作而分散了自己的精力。

如果大多数人集中精力专注于一项工作，他们都能把这项工作做得很好。

在对100多位在其本行业获得杰出成就的男女人士的商业哲学观点进行分析之后，有人发现了这个事实：他们每个人都具有专心致志和明确果断的优点。

哈佛大学研究发现，最成功的商人都是能够迅速而果断做出决定的人，他们总是首先确定一个明确的目标，并集中精力，专心致志地朝这个目标努力。

伍尔沃斯的目标是要在全国各地设立一连串的"廉价连锁商店"，于是他把全部精力花在这件工作上，最后终于完成了此项目标，而这项目标也使他成为了成大事者。

林肯专心致力于解放黑奴，并因此使自己成为美国最伟大的总统。

李斯特在听过一次演说后，内心充满了成为一名伟大律师的欲望，他把一切心力专注于这项目标，结果成为美国最有成就的律师之一。

伊斯特曼致力于生产柯达相机，这使他赚取了数不清的金钱，也给全球数百万人带来无比的乐趣。

海伦·凯勒专注于学习说话，因此，尽管她又聋、又哑而且还瞎，但她还是实现了她的明确目标。

可以看出，所有成大事的人物，都把某种明确而特殊的目标当成他们努力的主要推动力。

专心就是把意识集中在某一个特定欲望上的行为，并要一直集中到已经找出实现这项欲望的方法。

哈佛大学教授琼斯认为，对于任何东西，你都可以渴望得到，而且只要你的需求合乎理性，并且十分强烈，那么"专心"这种力量将会帮助你得到它。

所以，假设你准备成为一个成大事的作家，或是一位杰出的演说家，或是一位成大事的商界主管，或是一位能力高超的金融家，那么你最好在每天就寝前及起床后，花上十分钟，把你的思想集中在这项愿望上，以决定应该如何进行，才有可能把它变成事实。

当你要专心致志地集中你的思想时，就应该把你的眼光望向一年、三年、五年甚至十年后，幻想你自己是这个时代最有力量的演说家；假设你拥有相当不错的收入；假想你利用演说的金钱报酬购买了自己的房子；幻想你在银行里有一笔数目可观的存款，准备将来退休养老之用；想象你自己是位极有影响的人物；假想你自己正从事一项永远不用害怕失去地位的工作……惟有专注于这些想象，才有可能付出努力，美梦成真。

一次只专心地做一件事，全身心地投入并积极地希望它成功，这样你的心里就不会感到筋疲力尽。不要让你的思维转到别的事情、别的需要或别的想法上去。专心于你已经决定去做的那个重要项目，放弃其他所有的事。

了解你在每次任务中所需担负的责任，了解你的极限。如果你把自己弄得筋疲力尽和失去控制，那你就是在浪费你的效率、健康和快乐。选择最重要的事先做，把其他的事放在一边。做得少一点，做得好一点，才能在工作中得到更多的快乐。

成功者之所以能成功，其中最重要的诀窍之一就是一次只做一件事，把一件事做到底。"一次只做一件事"，就意味有不轻易被其他诱惑所动摇的意志力。缺乏意志力，经常改换目标、见异思迁或是四面出击，绝对不会有好结果。

心态乐观是一个人走向成功的保证

哈佛大学莱顿教授说:"那些从哈佛大学走出去的成功人士,都把真挚、乐观的精神和不屈不饶的毅力当成走向成功的基石。因此,我经常告诫学生们,无论将来他们所从事的是什么职业,都要用全部的热忱去努力。"乐观是哈佛大学大力培养的一种素质,以此来强化学生们的内在成功力。哈佛大学发现,当一个人拥有乐观的心态后,他的成功力就会随之变强。

亨利·哈里·阿诺德1903年考入西点军校,4年之后以优异的成绩毕业,当时他选择了远渡重洋到菲律宾服役。20世纪初,美国的莱特兄弟发明飞机并试飞成功,这对美国的航空事业是一个极大的推动。1911年,从小便对飞机非常感兴趣的阿诺德自愿报名去俄亥俄州的代顿,慕名前往莱特兄弟处学习飞行。经过刻苦的学习之后,他掌握了关于飞行的一些基本知识,并积累了3小时48分钟的飞行经验,成为美国陆军的首批飞行员之一。令人佩服的是,他在第二年就创造出飞行高度6 540英尺的世界纪录,并获得1枚胜利勋章。

不过,他后来因为一次偶然的飞行事故而被停飞4年,之后被再次派往驻菲律宾步兵部队服役,这对阿诺德无疑是个沉重的打击,让他闷闷不乐。然而在菲律宾,阿诺德不断地调节自己的情绪,渐渐走出了消极悲观的阴影。

1916年,因为在飞行事业上曾经取得的成就,回国后的阿诺德被再次转入飞行部队,并晋升为上尉。

第一次世界大战中,阿诺德受命在巴拿马指挥一支飞行部队,后来赴华盛顿的陆军航空兵总部任职，1921年晋升为少校，从此以后便在美国的航空事业上不断崭露头角。

阿诺德有个广为人知的绰号"快乐的阿诺德"。他性格外向，活泼开朗，笑口常开，积极乐观，深得部下和同事的喜爱。在美国参谋长联席会议中，阿诺德与成天板着面孔的海军作战部长金形成鲜明的对比。

阿诺德一直致力于提高军用飞机的生产能力和飞行员的训练水平，负责陆军航空兵的编组、训练和指挥，为美国建立独立的空军奠定了基础，被称为"美国现代空军之父"。阿诺德之所以取得这样的人生成就，与西点军校的情商教育不无关系。

哈佛大学的心理学家认为，乐观是成功保证，悲观是弱者的墓志铭。悲观或者乐观，坚强或者懦弱，前进还是退却，依赖还是自立，全在于是否乐观。

心态积极、热情乐观的人对人对事，总能看到最好的一面，这就是高情商的表现。乐观心态与成功有着密切的关系。一般而言，成功的人往往有着乐观的心态；而那些意志力弱的人，一旦遭遇挫折，就会陷入消极悲观的情绪当中。

一位银行家，在他51岁的时候，所拥有的财富已经高达数百万美元。52岁的时候，他失去了所有的财富，而且背上了一大堆债务。但是他发誓要东山再起，不久他又积累了巨额的财富。

有人问银行家是如何东山再起的，银行家回答说："很简单，那是因为我从来没有改变从父母身上继承下来的天性。从我早期谋生开始，我就认为要以乐观的心态看待事物，永远不要在阴影的笼罩下生活。我总是有理由让自己相信，实际的情况比设想的要好得多。我相信我们的社会到处都是财富，只要去工作就一定会发现财富、获得财富，这就是我成功的秘密。"

哈佛大学总是让学生们在心里永远充满着阳光。所以，哈佛大学的学生懂得，在面对责任时，不会把自己宝贵的精力浪费在无谓的苦闷上，相反，他们会坚毅地勇往直前，在完成人生目标的道路上，不断收获、不断进取，直到成功。

心理学专家指出：虽然一个人乐观的心态多半是与生俱来的气质，但是它也可以像其他习惯一样，慢慢锻炼、培养起来。生活可以是丰富多彩的，也可以是低沉落魄的，这主要取决于从生活中体会到的是快乐还是磨难。我们可以从两个方面来看待生活：积极、灿烂的一面，消极、阴郁的一面。我们可以借助意志的力量来做出这一选择，培养出乐观、积极的生活态度。要时刻鼓励自己，用乐观的眼光而不是悲观的态度，来看待生活中和周围的一切事物。